Nordisk *Nordic* 北欧

Mad *Food* 美食

图中标出了诺玛餐厅的部分主
要供应商及其所在地

虚线所示为勒内北欧食材之旅
的路线

NORWAY

KALIX
PITEÅ
VÄSTERBOTTEN
FINLAND

ND

北欧美食秘境

NOMA
新北欧风暴

全球先锋餐厅的美食探索

[丹] 勒内·雷哲皮　著

周再冉　译

华中科技大学出版社
http://www.hustp.com

有书至美
BOOK & BEAUTY

中国·武汉

目录

牛奶皮与青草

奥拉维尔·埃利亚松

万物皆可食，万物亦非皆可食

眼前呈现的是一盘牛奶皮配青草、鲜花及香草，此为是日菜单的当日特供之一。装饰采自奶源地的奶牛生活的原野，它们在这片草地上漫步、进食、排泄。这道菜本身就是一个微型的生态循环系统，享用过程惊喜连连（毕竟，这道菜整体看起来是一份点缀着些许青色的黏糊糊的煎饼）。但毫无疑问的是：入口的瞬间，原野各个角落的风味同时在我口中爆发。

我于2007年6月举办的"空间中的生活"（Life in Space，我柏林的工作室每年举办的试验性研讨会，下简称 LIS）中，与一群新朋旧友品尝了这道菜。会上，艺术家、建筑师、设计师、社会学家和自然科学家，以及其他专业人士汇聚一堂，对颜色、运动、时间和空间进行探索。活动没有划分试验、讨论和茶歇环节，松散的非正式的架构便于激发连续不断的头脑风暴、实操和感官探索。为了防止用餐过程干扰本日的主题，我问好友勒内·瑞瑟是否可以就与时间和空间概念相关的食物开展一系列试验，如此LIS的参与者们便能在研讨的过程中用餐。

这道"牛奶皮与青草"引起了特别的讨论。绝大多数人认为这道菜是当日主题的延伸；牛奶皮仿佛被赋予了灵魂，贯穿于各项试验中。"空间中的生活"的中心主题之一，便是如何将空间体验当作一种过程——而非在运动中描绘空间。为了达到这个目的，我们需要将理念、实验、空间、自身和周边的世界融合在单一的系统中。美学价值、社会价值和政治价值相互增进——集"田野间所有美物于一身"的有机牛奶皮毫无疑问是受到多学科交叉影响后升华的产物。在进餐的过程中，我们的试验进程并没有停止；相反，甚至更进了一步。

从那以后，我有幸更进一步与勒内合作。我与勒内讨论，假设烹饪的基本构成并非预设，而是在试验新食材、质感、颜色、温度和口感的过程中逐步形成的，此时烹饪的意义又会如何。食物的概念并非天成，而是作为实际劳作的一部分逐渐形成的，各要素之间的关系在试验过程中不断得到创建和演进。

我们的对话涉及有关味道的回忆，以及味道如何与场景、情绪、时间和人物的形象产生紧密联系。当我们在烹饪和艺术中使用含义差别极细微的词汇时，一种若隐若现、非同寻常的经历便成为了可能。此时，你已接近感官价值的极限。感官相互结合，使思维得到延展，联觉地图由此形成。

我们始终面对着琐碎的感官世界，其中无外乎令人乏味的商业化产物。该世界的制造者旨在提供"安全"的感觉，兜售的都是其目标群体可以立即识别的体验。结果，个体的想象力趋于平衡，差异越来越小。人的感官变得迟钝了。相反，诺玛餐厅不懈的发展目标，是让我们的感官保持敏锐。餐厅的奥义在于出其不意，并让不确定性得以生根发芽。可以说诺玛餐厅为客人提供了一种全新的语言，但这种语言只有借助个体独特的使用方式才能产生意义，即通过个体彼此独立的味觉体验才能获得（这一点同样适用于好的艺术：好的艺术不但能够创造意义，也会对所创造的意义做出审视）。

以勒内在"空间中的生活"中展现的牛奶和原野为例，没有一点小题大做，每位客人的菜都是一样的；大家共聚一堂，品尝后却有截然不同的体验。一些不同寻常的事此时此刻正在发生。人只有一套味蕾——相比鲜味，这些味蕾可能对甜味更为敏感——同时可能将所品尝的菜肴与特定图像或情绪相联系。食客的期望和洞察力仅局限于其本体。他们的身体都以其特定的方式摄取并转化着食物，而每个人的味蕾、体质、背景都不同于他人，用餐体验也因此各不相同。我们所感受到的差异凸显了此次试验所处的高度。该试验以事件的形式阐释了在集体化的空间中（包括菜品和整个用餐过程），个人感受仍需被优先考量。

我们还形成了一种传统，认为进食是孤立的现象，是一日生活中的间隔或停顿。食物之呈现可以异常精美——宛如一件迷你艺术品，借助其衬托超脱于环境，而其提供的味觉体验也是被阉割的。

以树木为例。有些人会认为那不过是土地上的一个物件，树叶有特定的形状，树枝有特定的厚度。这样的描述可能对销售植株的人来说更适用。但毫无疑问的是，树木并非独立的个体，而是庞大的生态体系中的一部分：树木与其生长的土壤、雨水和阳光密不可分。光合作用的过程使树木成为我们环境中重要的组成部分。树木是地球母亲的肺的一部分，因此是无法与周遭割裂的。树木带有时间性，有它的过去与未来，亦有春、夏、秋、冬的四季轮回。

　　同样地，马铃薯也无法与其生长的土壤割裂。勒内对此心知肚明。这也就是为什么，那天稍后，LIS的参与者们再次沉浸于勒内的另一个创作——"刚犁过的马铃薯田"（一道外观黑乎乎、疙疙瘩瘩的、口感香脆的菜肴）。并且，如同树木和马铃薯一样，餐盘上的菜本身便是大循环的一部分：这些食材通常都有其节令，以及独特的成熟过程——即各自的时间维度——而且，会在我们的身体里停留特定的时间。它们来自某块田、某棵树、某株灌木、某只动物、某片海洋……换句话说，这些食材和我们一样，都是环境不可分割的一部分。而诺玛所处的环境则大多是属于斯堪的纳维亚的。

　　食物实在是太随处可见了。人人都会进食，并对食物怀有不同的看法。但品味不仅是个体见解，食物也绝不"只是食物"。无论我们是否喜欢这个观点，我们的饮食影响了世界的面貌，同时也决定了我们理解世界的方式。看到一盘食物的同时，我们也应该看到宏观的生态环境。如果我们知道食物的来源及去向，这些信息可能会让我们的味觉产生更深的印象。马铃薯是来自新西兰还是丹麦拉迈夫乔登区域很重要，而我可以看到模糊知识和味觉的边界所蕴藏的巨大潜能（正如艺术，我们绝不应该将形式和内容分开讨论）。此二者可以是一种饮食体验的一部分。同样的，烹饪、用餐和味觉也与许多其他因素相关。食品可以是政治性的，也与责任感、可持续性、地理和文化有关。

　　勒内实施其设想的同时，我们找到了用餐体验与社会维度、记忆、文化空间、北欧国家的原始食材、个体与集体体验之间的一致性。我希望读者在阅读本书的过程中，也能有类似的体会。

完美的风暴

鲁内·许曼-尼尔森

诺玛的故事

2003年8月，令人屏息的大西洋游学之旅——是真的令人喘不过气来。"三剑客"包括主厨勒内·雷哲皮（René Redzepi）、马斯·雷夫斯隆特（Mads Refslund），以及美食作家、电视名人和企业家克劳斯·迈耶（Claus Meyer）。一行三人开始了历时17天非同寻常的北欧之旅，途径法罗群岛、格陵兰岛和冰岛。此行的目的是汲取美食灵感，并为据我们所知第一家以现代北大西洋菜系为主题的餐厅寻找潜在的原生食材及室内装潢供应商。

勒内·雷哲皮，彼时年仅25岁，受命担任哥本哈根某家餐厅的主厨——餐厅连个名字都还没有。团队寄希望于凭借感官新体验引起市场轰动，为了追踪进展，勒内决定在出发前开始写日记。这于他而言实属首次。

这本时而细致入微、时而诗情画意的日记，记录了无数次造访的经历。熏制工厂、陶器厂、私造酒坊、渔船、鱼类加工厂、海鲜餐厅，你会立即被他的灵感和热情所震撼。此时距餐厅开张仅剩3个月，勒内从来没有感到如此饥渴。你可以从第11天的日记的字里行间体会到他的欣喜，他们正准备离开冰岛，前往格陵兰岛。"好似随处都能遇见创意人士，不断在计划向前。我想要把这种能量，包括斯凯尔、鳕鱼、大比目鱼和鱼籽，一起带回丹麦。感谢你，冰岛。"勒内在前往北大西洋探险下一站的航班上用笔记本电脑写下了这些话。

7个月后，勒内的自信和野心发生了些许改变。现在已经是2004年3月了，他再次走在冰岛内陆的冰面上，寒风刺骨，温度接近-55℃，严寒贯穿他的胸腔，每次呼吸都能感觉到疼痛。事实上，勒内的痛自诺玛开业以来便未曾消退（诺玛餐厅的名字"NOMA"一词，源于丹麦语词"nordisk"和"mad"的缩写，以指代"北欧的食物"）。这间餐厅选址在哥本哈根旧城最美丽的一片净土——克里斯蒂安港外缘的码头区。

是克劳斯·迈耶邀请勒内同自己合作，与企业家克里斯蒂安·比尔格（Kristian Byrge）一同成为主厨和合伙人，开始新的冒险。餐厅本来应该坐落于一间1767年起就被称为"北大西洋码头"（Nordatlantens Brygge）的仓库中，这里是冰岛、格陵兰岛和哥本哈根的法罗人的文化中心。当克劳斯获准将其中一个简陋的挑高空间打造成餐厅时，仅有一个条件：餐厅必须要反映北欧，特别是北大西洋美食主题。无论餐厅选址还是建筑的历史的角度来看，这一点都别无选择。

那时，勒内首先推掉了许多诱人的邀请。像他这样的年轻的厨师很少能在本国多家顶级餐厅担任主厨一职，他却选择接受其中最具风险、最有挑战的职位。然而，勒内在接受时也十分踌躇，毕竟他需要先克服自己的心理障碍。勒内一想到北大西洋饮食，他的创意已经自然受限了。比如，如果所有的东西都要在户外种植，那漫长严酷的冬天该怎么办？土地上有什么作物能够取代传统欧洲菜系中的香草？"不久，我就意识到我需要开拓视野，把眼光转向其他地区，以获得如何运营一间北大西洋餐厅的灵感。在丹麦，甚至整个斯堪的纳维亚，并没有太多经验可以借鉴，因为在这里，餐厅的运营理念并非以本地区和其本土文化为基础。问题在于，法式和西班牙式餐厅所运用的原材料完全不同。因此，这于我而言是一个很大的精神挑战，甚至让我开始怀疑本项目的可行性，并开始考虑其他的工作机会。"勒内坦言。

丹麦的餐饮业则在嘲笑诺玛的美食概念。甚至连勒内业内最亲密的伙伴，也对诺玛不切实际的目标嗤之以鼻，甚至给餐厅起了"鲸脂餐厅"等戏谑的绰号。将传统北欧食物和原生食材作为解决方案在当时并不现实，甚至有点荒谬。"人们都视我们为昙花一现，"勒内解释，"相反，我的想法恰恰是，我们有机会开辟一条属于自己的道路，形成我们的招牌。我不用接管任何现有的生意，无需背负着老餐厅的历史和经营理念前进，天平倒向哪里，显而易见。"

特立独行必然要冒遭炮轰的风险，特别是在丹麦，长期以来都存在作家阿克塞尔·桑德摩斯（Aksel Sandemose）所说的"詹代法则"——即斯堪的纳维亚版的"枪打出头鸟"。勒内和克劳斯的北欧餐厅项目是非常大胆的。可以说，"诺玛"的成功前景，其实在于丹麦饮食的声誉无论是在本国还是海外都处于谷底。只要愿意冒险，就能有所收获，毕竟丹麦人自己或多或少已经放弃了。他们没有充分运用自己的原生食材，意大利面早已替代马铃薯，成为每家每户晚餐时最受欢迎的食材。讨论起丹麦食物，人们没有任何自豪感，无论是在家做饭，还是外出就餐，丹麦人都更偏爱欧洲南部的菜肴。

"20世纪90年代前后，人们提到丹麦食物，还是会想到寡淡的肉酱、水煮马铃薯和灰蒙蒙的汉堡。那时，丹麦最厉害的大厨对丹麦食物评价也不高。高级料理要么是法国菜，要么是意大利菜。"食物历史学家毕·斯卡普（Bi Skaarup）说道。在她看来，战后肉类和乳制品出口英国的蓬勃发展反而潜在地破坏了丹麦的饮食文化。所有高品质的食材都被送去了英吉利海峡，丹麦人自己手里只有次等货。毕说："就算在农场里，人们也不再自给自足。他们把最高品质的黄油出口至海外，而自己则从本地不那么讨人喜欢的超市里买麦淇淋（人造黄油）糊弄自己——因为，如果你吃自己出产的黄油，收入就会减少。"

丹麦食物，或更宽泛的北欧食物，在国际美食领域是无立足之地的，而且此言颇有根据。美食家本特·克里斯坦森（Bent Christensen）于20世纪70年代早期联系《米其林指南》，建议他们评选丹麦的优秀餐厅，法国人却告诉他没有一间餐厅值得探访。但是，本特不认为丹麦的餐饮状况有那么糟糕，因此他撰写了自己的《丹麦饮食指南》（*Danish Food Guide*），自此每年出版。

他提到在20世纪80年代，因为受到电视明星主厨瑟伦·格里克（Søren Gericke）和埃尔温·劳特巴赫（Erwin Lauterbach）的影响，人们外出就餐的频率猛增。尽管两位主厨都在法国受训，但他们乐于大胆并滔滔不绝地谈论如何将丹麦原生食材运用得淋漓尽致，并将必不可少的鹅肝抛之脑后。他们呼吁，时不我待，必须将丹麦饮食从死水潭中拯救出来。当今富有进取心的丹麦米其林大厨将灵感归功于这些新丹麦饮食的元老，但在那个时代，他们对公众的影响其实相当有限。

"他们实在是太超前了，几乎与丹麦饮食文化社会脱节。相比过去，现在的我们更能接受顶级厨师的理念。"毕·斯卡普说道。勒内·雷哲皮清楚地记得在电视上看到瑟伦·格里克的样子。但这位饮食界的先锋当时并没有给勒内留下多么深刻的印象，而是直到多年以后，才成为他的灵感源泉。勒内还在学校的时候，烹饪对他来说不过是和数学一样的必修课。而且不止他一个人有这样的感受。当时的丹麦人对制作精美的食物并不太感兴趣。勒内到同学家中拜访时发现，每家都有预制食品，比如烤箱薯条或中餐外卖。

"人们为效率牺牲了精致美味。"勒内回想到，尽管来自马其顿的父亲教过他一些有关食物的知识，但他父亲对原生食材的态度与大部分丹麦人不同——他掌握了所有的基础知识。"很多事情都变了。我的直觉告诉我，信息传播速度的提高一定程度上解释了丹麦人开始对美食产生兴趣的原因。当我15岁（1993年）就读餐饮学校的时候，丹麦对于美食可谓一无所知。现在，烹饪已不再是专业人士的天下，对烹饪感兴趣开始变成一种身份象征，甚至在某些圈子里，对饮食不了解就如同没受过教育一样。这有点像爵士乐，不是吗？你真的应该略知一二。"

本特·克里斯坦森能够很清楚地看到，丹麦人直接受到了本土精英厨师的启发。"但这是个循序渐进的过程，未来仍有很长一段路要走。"这位出版过多本丹麦及国际顶级餐厅相关著作的作者说道，"普通人家中现在也开始使用野生

大蒜了，对于食物中加入根茎类蔬菜的接受度也越来越高。站在供应商的角度看，人们对古老且几乎被人遗忘了的丹麦本地奶酪的兴趣也越来越浓厚，而本地的苹果酒酿酒厂也不断兴起。其中某些趋势可以解释为'诺玛效应'。我们对自己能做什么越来越感兴趣。"

然而，在2003年，要让大家相信一家餐厅可以提供纯正的斯堪的纳维亚食物，仍然困难重重。勒内·雷哲皮对同行的嘲笑感到尤为心烦，而餐厅开业前6个月他几乎每天要工作24小时，因此他决定迎难而上，化他人的怀疑为自己的动力。

一路上，他已经找到了建筑师西格纳·宾得斯列夫（Signe Bindslev），并委托他负责室内装饰，同时寻找丹麦经典设计家具并设计出可以与之匹配的新的小物件。每一样物品都是用天然材料制成的：铁、石头、木头和泥土。餐厅中没有耀眼的七枝木制烛台，而是选用了斯堪的纳维亚式简洁烛台。摒弃了昂贵的银餐具和瓷餐盘，在圆形桌面上摆放不同尺寸的餐盘和刀，甚至是短剑。"总之，没有一样是完全相同的，"勒内说，"除了那些工业化生产的产品。许多餐厅会在餐巾纸、餐盘和杯子等各处露出标识，好像生怕客人们不知道自己在哪里似的。在这里从来都不会发生这样的事。这是一种'麦当劳主义'，与诺玛的精神背道而驰。我们更希望传递这样的信号：食物和服务的方式才是我们的重中之重。"

尽管做了充分的准备，但开业3个月后，对勒内·雷哲皮和诺玛而言，事情都不是太顺利。评论还不错，但绝对不是爆炸性的，而诺玛也没有足以夺人眼球的不同之处。人们不觉得诺玛是时髦的新创意，而是乌托邦式的间奏，尽管根据丹麦人的标准，勒内的履历足以让人肃然起敬，但勒内·雷哲皮毕竟不是神。诺玛变成了那种人们为了向人炫耀而必须光顾，但吃一次就够了的餐厅。

筹备阶段勒内的心理障碍现在在潜在顾客中不断发酵："人们总是在问我，为什么要限制自己烹饪的选择。毕竟，我们正处于美食的时代，一切皆有可能，万事刚刚起步。如果你想要将橙子入菜，那么放颗橙子不就好了？我们受到的批评让我清晰地意识到，还有这样一种不受限的思考方式。"

在我看来，勒内所想所为已超乎常人。他是十足的完美主义者，以至于温吞水般的评论让他觉得非常难过，回到家后，他往往"扑通"一下倒在沙发上，立刻就睡着了——琐事缠身的勒内常常失眠，唯有筋疲力竭才能安睡。他无法正常吃饭，并和马斯·雷夫斯隆特（他的副厨和最亲密的朋友）发生了争执，马斯在紧张的2个月后最终离开了诺玛。"这加深了我的挫折

感。我觉得我们做事的方法并无二致，而且我看不到自己主厨生涯的前路。总之，所有的一切都让人太不满意了，勒内在谈到自己最深刻的职业和个人危机时这样说。因此，当时他回到格陵兰岛，开始了几年来第一次所谓的"休假"。工作狂勒内·雷哲皮决定到内陆的冰层上，与诺玛的野味供应商一起去猎麝牛。

他们在康克鲁斯瓦格镇附近驻扎露营，除了长夜和短昼，一切如常，勒内有足够的时间来思考餐厅究竟出了什么问题，崎岖不平的自然环境对他而言正是一剂良药。刺骨的暴风雪在木屋之外肆虐，勒内却愈发感受到格陵兰岛的壮美。这片杳无人烟的广袤土地，让他联想到人口仅2500万的斯堪的纳维亚腹地。诺玛的客人应该意识到时间和空间的存在，感受此地区主要的风土，以及原生食材明显的季节性，从春到夏、从夏到秋、从秋到冬、从冬到春；从光影婆娑到在黑暗中蹒跚徐行；从令人欢欣的丰饶到刺骨的寒冷。

"我意识到，我们必须以一个更好的方式来利用季节，这样你才能根据时令享用当地的某道特定的菜肴。我们必须探索自然的极限，寻找出数千种甚至更多可食用的菌菇、繁复的野生植物、根茎类植物和海滨植物。这是我们初期的想法。客人在诺玛用餐时，应该本能地体察到时间和空间的存在。这是餐厅理念设定的出发点、核心和基础。接下来会加入更多关于菜肴概念性的想法，比如创新、技术和合适的人员配置。"勒内解释道。在日记中，他写下了一些想法，并开始创作最早一批菜式，以特定食材为出发点，加入其他与此食材共享天然生长环境的元素。如果鹿肉出现在菜单上，那就应该搭配蜗牛、松树嫩芽和蘑菇。"一切都开始说得通了。我们所处的环境、食物的摆盘方式和上菜的方式之间开始产生联系。不真实的感觉一扫而空；一切都恰到好处。"

据勒内所言，诺玛的突破源于他终于可以卸下自己多年在西班牙加泰罗尼亚罗萨斯的斗牛犬餐厅、美国旧金山的法国洗衣房餐厅、法国蒙彼利埃的感官花园餐厅及丹麦哥本哈根的孔·汉斯餐厅的包袱，最后一家凭借其法式菜肴，多年来稳居丹麦餐饮业首位。"我意识到，诺玛的最初几个月，我都在走弯路。美食学意义上的超级大餐，不一定要与我在其他世界顶级厨房中的所学相关。我发现，我并没有自由思考，而我必须先认清这一点。"他说道。此外，最初几个月，克里斯钦港"北大西洋码头"的地理位置限制了诺玛餐厅。对餐厅和餐厅选址间的关系的理解过于字面化，反而限制了厨房团队的发挥。餐厅的理念开始变得太狭隘、太局限，最终影响了食物的味道。格陵兰的大比目鱼必须一开始就在菜单上，就算这意味着需要把鱼冰冻后运往哥本哈

根。"现在绝对不会发生这种情况，"勒内说，"与其采用冰冻鱼，还不如探索丹麦当地的水域，同时购买一些从吉勒莱厄（Gilleleje，哥本哈根以北30千米处）的渔船新捕的大菱鲆。毕竟，我们的重点是给予客人当季顶级的季节体验，那我们为什么要从格陵兰岛进口可能是8个月前就捕获的鱼呢？再说，冷冻过程会让鱼流失风味和口感。"

但在最初的几个月，正是勒内在斗牛犬餐厅、感官花园餐厅，特别是孔·汉斯的经历，妨碍了他想要在诺玛留下自己烙印的尝试。他不自觉地将之前餐厅中的一些菜放到了菜单上，尽管这些菜或多或少会带有斯堪的纳维亚风味，但根本而言，他并没有在做斯堪的纳维亚菜。

"令人哭笑不得的是，离开斗牛犬餐厅的时候，我胸怀自由的理想，终于可以实现自己的想法了。但等到真的自己开了餐厅，我还是会用上之前学到的理念，而不是自己的自由意识。我们没有找到自己的道路，甚至连试都没有试过。我没有追随自己的想法。相反，我依然因循着即定的惯例——这些惯例既现成又好用。因为在以前工作的地方用过，这些惯例以我的经验来说是可行的。在感官花园餐厅，大部分菜肴都会使用以高汤为底的酱汁，因此在我首创的斯堪的纳维亚菜里，有一款经过煨煮和浓缩，风味浓郁的"高汤"。从单一菜肴看没什么问题，但将浓缩鸡高汤淋在煮洋姜上，现在看来毫无意义。毕竟，那时的这道菜几乎尝不出什么洋姜的味道，它与原生食材之间的天然联系并未显现，反而增添了肉类元素。我们的许多汤品也是如此。如果要做南瓜汤，我们会自然而然地加入鸡高汤，但现在不会了。"勒内强调。

他还多次借用斗牛犬餐厅很喜欢的方法——解构经典菜肴——只是如今仅针对那些带有明显的斯堪的纳维亚风格的菜肴。作为一间具有开创性的加泰罗尼亚餐厅，斗牛犬餐厅通常会想象出某些类似"意式奶油培根面"的菜，其中所使用的宽面条是一种障眼法，它其实是用温和的胶状鸡高汤制作的。诺玛的厨师们在重塑经典的丹麦菜肴——装饰鳕鱼时，也使用了同样的方法。这道菜所使用的原生食材基本不变，但液状黄油有可能会用甜菜根汁来代替。传统上，甜菜根可能会以腌菜的形式用于装饰风味浓郁的菜品，但在诺玛的早期，其他蔬菜会被摆在鱼上，来重塑鱼的生活环境。

"我们做了很多类似的菜。我们还供应过马铃薯猪肉（biksemad，经典丹麦菜肴，由前一天晚餐剩下的猪肉和马铃薯一起煎制而成）。当然，我们会从头开始制作，并选用挪威龙虾。一开始，我们觉得这样做是有意义的。"勒内说。

勒内为自己的美食包袱添上斯堪的纳维亚风格的典型例子，是省去了"焦糖布蕾"的"焦糖"步骤，取而代之以一撮沙棘。尝起来可能很不错，但这显然不是原创的，更别提忠于原产地了。"这道菜明显指向了与食材本身截然不同的历史和文化背景。"6年后他承认。

2004年3月，暴风雪不断侵袭着格陵兰岛，勒内头脑中的风暴也从未停歇。一页一页的笔记，记录着新菜的灵感，写下旧菜中缺失的部分，并试图定义诺玛的精髓所在。这些根本上囊括了他最初的想法：这有关时间和空间，以及重塑食材栖息地。

"我们不断刨根问底，让一切更透明——更直接。如果我们选用一种特殊的食材，并用实际生活在其周围的食物来点缀，比如野猪会搭配玉米和浆果。这对我的世界来说真的很有意义，从那一刻起，我确信我们有了胜算。餐盘里装的不仅是食物，还有食物所蕴含的故事。无论从哪种角度，这个思路都会让我想起儿时夏日在马其顿的日子；在那里我们主要以吃本地蔬菜为生。我家一直都不太富裕，因此在那里，我们需要自己种东西吃。"

诺玛的直白还体现在命名菜肴时的毫不造作。看一眼餐厅不断变化的菜单就能了解诺玛的坦率。假设一道菜的主要配料是牛奶和莳萝，它无疑会被称为"牛奶及莳萝"。"我们的菜应该无需额外解释就能让客人理解背后的深意，"勒内解释，"只有当客人本人拥有了某种经历，美食学的美感才会凸显。我们无法手把手地领着客人去体验，告诉他们理想化的新理解。客人只有凭借自己创建的感知影像，才能够获得超乎味觉的新体验。"

自此，勒内将2004年8月的这次北大西洋的游学之旅命名为"完美的风暴"。"这个词被渔民们用来形容一种海天难分的风暴，其中有惊无险，渔民们知道一切终会顺利。而这正是诺玛带给我们的感觉，我们完成了重重挑战，并顶住了外界期望所带来的压力。于我们而言，狂风巨浪其实就是食材、餐盘、实习服务生等。可以说，我们的游学之旅是一场仍在肆虐的风暴开始的讯号，一场令我乐享其间的风暴。"

格陵兰岛冰面上的头脑风暴后一年，诺玛获得了首颗米其林星星。对于厨房的团队来说，自己开创性的工作被如此大名鼎鼎的机构认可是至高无上的荣耀。那时，勒内和公司已经不断收到这样的讯号，外界认为诺玛已跳脱了丹麦这潭死水，开始成为国际美食圈的新话题——不久之后便出现了众所周知的"北欧现象"。来自客人的非议和负面评论越来越少，取而代之的是表扬和赞赏。这些反应对像勒内·雷哲皮这样的人来说是巨大的解脱，勒内是那种被别人否定一次，就需要一百次拍背鼓励才能振作的人。

"人们的热情产生了巨大的变化，"他说，"人们吃到牛肉塔塔时的反应，与我们一开始提供的洋姜汤配鸡高汤与扇贝比极为不同。我突然有种感觉，好像大部分斯堪的纳维亚人都能从我们的事物中得到一些感悟——一些从他们儿时起就存在的东西。人人都试着在湖边散步，将凋零的树叶在脚下踩出'咔咔'的响声——亦或多或少地造访农场。在诺玛用餐的体验与这些经历相关，许多斯堪的纳维亚人告诉我，诺玛的就餐体验唤起了他们被封印着的最深层的记忆。人们可能尝出了儿时在林间漫步时吃到的越橘的味道。而对于外国客人而言，到一家斯堪的纳维亚菜系的餐厅就餐也突然说得通了。他们获得了在家里无法获得的体验。一些客人甚至表示这如同接触到一门新的语言，而且他们能够理解我们所传达的信息。"

这种体验也不断在同行和业内的其他人士心中扎根，最具代表性的便是在《餐厅》杂志（Restaurant）最具声望的排行榜——"世界五十最佳餐厅"中，诺玛排名第一。安德烈亚·彼得里尼（Andrea Petrini，国际公认的知名文化类法国作家，同时也担任该排行榜的评委）对诺玛荣登榜首毫不惊讶。"诺玛赢得米其林一星确实有着天时地利，90%所谓的高端美食餐厅其实都处在自动巡航模式，只会自我复制。"彼得里尼说道。他于2004年的夏天首次造访诺玛，到目前为止，他到诺玛就餐的次数已经达到两位数。他的第一印象是：一切都是完美的。他拒绝以某一道菜或单一的经验代表诺玛。"那样做就过于简单了，"他说，"这间餐厅的一切都值得称道：概念、凝聚力和哲学。正如作家伊恩·麦克尤恩（Ian McEwan）所说，这是一种'陌生的慰藉'。诺玛完全改变了我对餐厅能力的想象。正如皮埃尔·盖涅尔（Pierre Gaignaire）在1985年的花庄餐厅、费朗·亚得里亚（Ferran Adrià）在1991年的斗牛犬餐厅一样。"在彼得里尼看来，勒内·雷哲皮是独一无二的，他如下总结道，"[勒内的]风格犀利、新鲜，带我们回归根茎和土壤。他在烹饪艺术上追求的是绝对的晶莹剔透和'可读性'。"

和其他人一样，在首次造访诺玛之前，安德烈·彼得里尼对斯堪的纳维亚菜系的了解仅限于瑞典大厨马赛厄斯·达尔格伦（Mathias Dahlgren）。现在，他相信诺玛的未来，以及最近几年相继出现的其他同类餐厅。这也是斗牛犬餐厅的创造者在几年前预言过的现象。"希望，诺玛是一个永不完结的故事，我敢肯定，我们现在能够快速浏览这个故事的第一章。"费朗·亚得里亚曾半开玩笑地谈到现代烹饪艺术的未来会从北欧国家开始。事实证明，他说对了。

周六的午夜，餐厅里仅剩下几桌刚用完12~16道菜的客人，诺玛的厨师们在厨房5个区域的最前面集合。尽管刚结束12个小时甚至更长时间的工作，此时他们反而更专注了。25位与会者无论如何都不会放弃参加这个"仪式"，理由显而易见。只有此时，他们才有机会让多位当今世界地位和人气最高的厨师试吃自己的作品，进而有机会更好地理解勒内·雷哲皮是如何创造一道菜的。

诺玛的成员们在接下来的几小时内会进行头脑风暴和试吃环节，接着，从学徒到二把手，都可以表达自己的想法，提出意见并表达真实想法。展示轮流进行：每周六晚，每个档口出一名厨师来展示一道菜，因此，每个人迟早会有机会。而且下一次轮到自己，最多不会超过5周。

此项会议对餐厅的常客以及最忠诚的客人来说颇具吸引力。他们会聚在玻璃隔板旁小声谈论，观摩这群忘我工作的大厨，注意力高度集中以至于将一周辛劳抛诸脑后。

自2005年秋天以来，以训练厨师的技能为特色的"周六会议"便是永久性项目，且雷打不动。勒内将这种"碰头会"视为高强度的工作中最重要的固定点，当诺玛进入上升期，压力也随之增加。"我们的员工在这里得到成长是至关重要的，他们提供的不仅仅是自己的劳力和职业技术，"他说，"当优秀的人才来到哥本哈根，并成为我们团队项目中的一员，他们理应从我们这里学到一些东西。"

2010年3月的某个周六，这天的六道式展示的第一道出自冷菜间的美国厨师布莱恩（Blaine）之手。他把一块冰冻在了诺玛通常用于运输新鲜青口贝的渔网里。生青口贝置于其上，周围环绕海藻和腌渍白菜。菜品的量足够每位成员一试究竟。

试过菜的人马上开始评头论足。经验告诉勒内，他不应该发表评论，免得自己的言论影响其他人，只有自身真切的感受才能更好地训练口感和表达感觉的能力。"我们训练自己的员工发展更好的试味能力，这对他们有帮助。而对客人来说，如果厨师们能够主动说出自己的体验、谈论自己对食物的大致感觉更是锦上添花。我很惊讶地发现，许多在加入诺玛前曾效力世界顶尖的餐厅的厨师，并不太明白自己到底热爱食物的哪一点。厨师的受训内容包括执行和交付，却不包括对单一菜式或原生食材建立独立思考。相反，他们死板地照着食谱的步骤执行，而不是把食谱当作可靠的参考。问题就出在这儿，因为归根结底，施展美味魔法的是富有经验的厨师本人，而非食谱或一道指令。"勒内说。

他强调，周六的会议并不是用来榨取厨师们的知识；相反，厨师们展现的菜品鲜有最终出现在菜单上的。其目的在于培养员工对于食物的独到见解，让他们不至过于教条。"更好的厨师才能做出更好的食物——就是那么简单。"勒内坚持道，如果某位厨师对这个集体活动不上心，他会特别在意。"这是最让我心烦的了。人们应该抓住机会来提升自己。诺玛不可以止步不前，在厨房工作的人更不能如此。如果你来上班，呈上的菜品表达的却是'我自己一点都不喜欢'，那我会说，我也有个家庭，我也想在周日早上晚起床1~2小时，和我的家人在一起。"

尽管如此，很少见到厨师们不拼尽全力，任由自己回到原点的，布莱恩的同事们很喜欢青口的摆放方式。大家给予来自美国的布莱恩掌声鼓励和喜悦的欢呼。负面意见并不多，且都是建设性的。勒内也明确表达了肯定。他赞扬了这道菜富有诗意的整体表达及口味，因为这道菜与现在户外凛冽的冬日有着明显的连接。毕竟，卷心菜和青口属于为数不多的在春日到来之前可以使用的食材。但是，勒内还是觉得这道菜看起来有点像"残羹剩饭"，如果在摆盘时使用更多的海藻和树枝就更好了。

然后，轮到下一位同样做过充分准备的厨师了。等到五道菜都呈现完毕，终于可以回家了。此时已接近凌晨3点，在正式关灯歇业前，厨房团队开了几瓶啤酒。勒内和副厨们留下，评估餐厅过去一周的表现，然后勒内再骑上脚踏车回到位于克里斯蒂安港和市中心之间的家里，回到沉睡的家人身边。

对诺玛的大厨们来说，仅在同事面前表现是远远不够的。每天晚上，他们还要为客人提供无微不至的顶级服务，所有的厨师无一例外。侍者们承担大部分的服务工作，上菜的环节则由原创这道菜的厨师负责。这是勒内的主意，在诺玛创立之初便照此执行。勒内本人并没有特别在意一餐结束后必须与客人握手会面的传统，这让他感觉太假惺惺了，古板又严肃。"但我又想进入餐厅，和客人打招呼。我会为每桌端上1~2道菜，但不做自我介绍。如果某位客人特别高兴，想要和大厨聊聊，进而发现我原来曾经给他们上过菜，他会有点惊讶。如此，不但客人能够带着别样的心情离店，我的内心也如同被唤醒。毕竟，把食物端到客人面前能让我对餐桌和菜品的设置有更直观的印象。"勒内解释道。

这种含蓄的食物呈现方式已经成为诺玛的特点之一，勒内认为，这极有可能成为一个趋势。"我根本不在乎侍者团队是否穿着整齐划一的西装，系着领结，在奢华的餐厅中疾步如飞。客人在外出就餐时期待的是一间餐厅非同寻常的特质。而诺玛的特质之一，就是我们很朴实。尽管很多人认为诺玛的菜非常超前，但我们的用餐环境其实是轻松随意的；我们对所有人敞开大门，也不会铺设桌布。诺玛的用餐氛围绝不是精贵奢侈的。我们希望你们能够得到纯粹、质朴的体验，而这里的员工与客人平起平坐，因此才能打造这种氛围。我们力图以让厨师们亲自上菜的方式证明，餐饮最重要的是厨师们的手艺，而非包装。主厨在上菜时也许会犯些服务上的小错，这些错误是我们训练有素的服务员绝不会犯的，但我宁愿相信，让厨师上菜是一种趋势，而非倒退；因为这通常会为客人带来更新奇的体验。"

勒内也认为，比起周六深夜会议，与客人的日常交流更能帮助厨师们提高自己的技艺。"比起站在布满不锈钢的地下室削马铃薯，直视客人的眼睛更能使厨师集中精神。对厨师来说，忍耐长工时、高强度且随时需要精神高度集中的工作也显得更有意义，这让他们了解到运营一间餐厅最重要、最基本的元素就是提供感官体验和情感的共鸣。同时他们也会意识到，自己的辛劳得到了认可。"勒内解释道。

每个月（有时是每周或每日），诺玛服从季节的变幻，菜单也因此不间断地稳步更迭。其变化节奏取决于原生食材的可用性。结果是，菜单的设计没有固定的结构。尽管如此，勒内还是竭力想要维持某种一致性。"我希望客人在享用菜品时能感受到菜单强烈的韵律。一开始我们会'狂轰滥炸'，这样客人才会意识到自己来到了一家充满活力的餐厅。我们提供各种开胃小点，作为客人情绪的小小调动器，直到客人选好4~16道式的菜肴为止。"

冬天以外的日子，诺玛的厨师们喜欢以海鲜拉开一餐的序幕。冬季的斯堪的纳维亚肉类更丰盛，所以要维持以海鲜菜品开场就没那么容易。接下来的几道是制备简单、可以预先备好的菜肴，以蔬菜为主角，最后以甜点收尾。

"在诺玛，整套餐点不会让你觉得吃不下或过分油腻，"勒内说，"一块经过悉心调制的焖肉往往口味浓郁，而其配菜会平衡口感，让菜品留给人的总体印象是清爽鲜美的。人们在离开餐厅时通常都会感到心满意足，但吃得太饱和吃到刚好以致身心畅快之间是有显著差别的。菜单设计的宗旨是让你一步步达到这种状态。比起你见过的大多数其他餐厅，我们会更多地使用蔬菜、浆果、野生植物，以求创建多汁、酸爽的清新口感。我自己也偏爱这种做法。如果时间充足，我也会在家给我的妻子、女儿和自己做这样的菜肴。"

每道菜都以复原原生态环境的方式来摆盘——原始而淳朴。正如勒内所说，把蔬菜切成千奇百怪的形状并没有太大意义，不过是炫耀厨师能够精确到几毫米罢了。"如果将摆盘弄得像棋盘一样，我实在看不出与食材的自然环境有什么联系。我们以有机的方式来准备食材，让食客能够辨识出食材的来源和外观，好像有一条线把这些天然食材和制备手法连在一起。此外，这也表达出我们对原生食材的尊重。"

尽管勒内面临的挑战仍有很多（特别是供应商方面），但诺玛的前景令他感到前所未有的欣喜。他曾效力的餐厅的套路和思维方式已不再如阴影般笼罩着诺玛的菜单，但它们仍很重要："我们早已找到了自己的方式，非常清楚要留给客人的味觉体验是什么。现在，一切都由我们说了算。接下来的几年我们的主要挑战是不断创新，并保持自己的灵感来源，这样才不会循环着自我复制。'自动巡航模式'是我们最大的敌人。在最初的三四年，我们每月、每周，甚至每日都在成长，一个晚上就能完成一道新菜的创意。尽管寻找和探索新领域不断地为我们带来极大的满足，现在变化的节奏已经不会让人喘不过气来了。对客人来说，造访诺玛的感觉真的变得越来越好。用餐体验越来越完整、柔和。而今，我们再碰到新的食材，解读起来也更容易。但是，这仍是个挑战——幸福的挑战。"

四季的食材

在探讨斯堪的纳维亚食材的时候，拘泥于某个季节是行不通的。不管怎样说，这都无关旧日时光。每个季节都有其魅力和特色，而诺玛厨房的生机勃勃与此有极大关系。"我很喜欢冬天，但最终我发现自己厌倦了，"勒内承认，"春天的到来让人感到放松，但到了5月份的某一天，我又开始向往夏天和草莓的味道。接着，猛然间，你会发现自己开始怀念坚果和菌菇了。"原生食材是令人魅惑的撩人精，它遗弃你，在你手中逝去，为新鲜事物的到来留出空间。它们在很大程度上给了诺玛存在的理由——是软肋，也是自然的馈赠。

勒内向看天吃饭的严酷现实做出让步。事实上，他别无他法。不断的变化意味着餐厅永远不会止步不前，更不会允许勒内和他的同事在厨房里昏昏欲睡。"通常，当厨师们说'巧妇难为无米之炊'时，你不必当真。但对我们来说这便是现实。原生食材是至高无上的。因此，这也是我们如此依赖种植、采集和运输这些食材的人的原因。我们必须拥有最棒的食材，这样就算我们处理的方式很简单，仍可以达到许多其他食材无法企及的效果。"他解释道。

在诺玛创立之初的6年中，餐厅建立起巨大的供应商网络，其中涵盖60~70个采集者、渔夫、干货店、乳品商和农场主，他们不断打电话来推销其所出产或在途中可以获得的产品。"他们都非常有热情，没有他们，我们与别的餐厅也没什么不一样。因此，我的梦想是雇到一个对原生食材有执念的副厨，以维系我们与这些供应商的最佳关系。为了能够与这些无价的人物保持特殊的合作伙伴关系，我们十分乐意做出额外的努力。"勒内说。

当春天来临，诺玛会更换全新的菜单。通常，圆鳍鱼籽的供应商会打电话来通报第一批丰收，这标志着新春的到来。海水温度开始升高，勒内知道野生大蒜不久就会从土地里探出嫩芽。"野生大蒜是春天的终极信使，"他解释道，"它风味独特，是那种在长在野外，只有在地球母亲说，'就是现在。我宣布春天开始'的时候才会出现的食材。对厨师们来说，很简单，这就是一年之中最棒的几天。"

餐厅的员工们发现，是多样的原生食材让诺玛的出品看起来如此与众不同。在3月的黎明，主厨会带领厨师团队来到哥本哈根公园最原始的部分，从餐厅骑脚踏车10~15分钟，那里的野生动物随性繁衍。当气温介于8~10℃，团队会摘取最早的一批野生大蒜，这些大蒜尝起来清新、温和，同时带有大蒜和细香葱的味道——冬天的味道。"最早的一批野生大蒜入口的感觉真的很美妙。如果你够幸运，或许同时还能找到最早的三月紫罗兰。"

几周后，诺玛的厨师们会用粗呢背包带回各种各样的绿色植物：一些多年来一直被认为是杂草的野生植物，其实也可以尝出一些风味。黄色伯利恒之星开始羞答答地开放，繁缕渐渐达到足够的甜度。其他所谓的"杂草"，比如蒜芥，也宣告了自己的到来，厨师们不断地采集着，直到手冻得生疼，才发现回到诺玛厨房来杯滚烫的热茶变得那么诱人。"这种远足与我在其他餐厅经历的完全不同。体验季节交替的生活，享受气候和温度的变化真的很棒。大雨滂沱3日，我们却仍然很开心，这真是太神奇了。"勒内·雷哲皮强调说，"毕竟，这意味着菌菇们马上就要出现啦！"

下一个春日的"重生"是蔬菜的到来。农民们打来电话，可能会说，芦笋看起来只能维持2~3周，或是豆芽正冒出来。渔夫们也为诺玛带来消息，大量的虾抵达峡湾，风味浓郁，但体量小得惊人。还有大菱鲆、白梭吻鲈等。造访西兰岛农场时可以看到羊羔已经长得足够大，而牛奶味道也不太一样，因为奶牛们在野外的开放空间里自由地觅食。

在随后到来的夏天，诺玛将注意力放在许多主要生长在丹麦和瑞典的野生植物上。夏日同样也是制作腌物和渍物的季节，诺玛的厨师会沿着海岸线收集100千克的玫瑰。他们还采摘了70千克未成熟的接骨木浆果和60千克野生大蒜果。当然，还有丹麦草莓——仅仅搭配奶油，便是丹麦几个世纪以来重要的国菜。

秋天是勒内最喜欢的季节之一。不管怎么说，秋天是提供最多可能性的季节。斯堪的纳维亚郁郁葱葱的夏日开始消退，菌菇在树根周围和森林地面各处大肆出现。只要一点运气，你就能够见到大厨本人在哥本哈根北部的鹿园森林公园爬树，摘取离地2~3米的一大簇平菇。根茎类植物在富饶的土壤里摩拳擦掌，灌木和树木被浆果和坚果压弯了腰。生菜茂盛。蔬菜汁水丰富，充满活力，南瓜也开始鼓胀。对于这一纬度的地区来说，秋日确实是收获的季节。冬天则是较难预测的日子。当斯堪的纳维亚被严寒侵袭，本地菜系开始原地反击。"我们基本上什么都找不到。"勒内确认。但是，在哥本哈根周围的森林里，以及那些小镇的花园中，木酸模、花园酸模、繁缕和荨麻还是会出现。"你只需要知道从何处入手。"他补充道。诺玛的厨师——随着餐厅的声名远播，团队变得越来越国际化——排队想要加入勒内的农场、海滩和城市公园之旅，为自己的菜寻找食材。"安排厨师外出采摘听起来好像很简单，但我们所有的厨师都迫切地想要加入野外采摘之旅，无论他是谁，来自哪个国家。厨师本人外出到乡间采摘食材在国际美食界十分罕见，但这一现实其实很令人遗憾。"根据勒内所言，野外的体验改变了厨师们在厨房里的表现。当你接近原生食材，在自然环境中触碰它们、在它们离开土壤的那一瞬间尝到它们的味道，你就能学会尊重。结果就是，我们处理原生食材的方式和程度，绝不可能让它们在餐盘上失去与其来源的关联。

"你开始注意原生食材的历史或农夫的热情，以及他们为种植所付出的努力。这些邂逅让你不会想要过度处理食材。创作的关键在于感受食材与供应方的联系，不管是大自然本身还是农业生产环境。只有成功创造出能够展现原生食材的历史，并将其置于正确语境中的菜肴，我们的工作才算做到位。如果没有这些联系，那就没有意义。"勒内坚持道。

勒内的日记

勒内·雷哲皮

曾有一位挪威渔夫向我讲起什么是最完美的风暴。那是大部分本地的渔夫和水手都经历过的气候。海与天似乎在一同涤荡，诸神的黄昏（在挪威神话中，此一战为世界末日）就在眼前。做什么都无法成功，你快要放弃了。但无论如何，就算耗尽所有力气你都不会妥协。支撑你继续下去的是那种"风浪总会平静下来"的感觉。你的直觉告诉你，一切总会过去的，就算再困难，最终你也会控制住局面。

　　这与我在诺玛的经历十分相似。不过在我的餐厅里，大浪和风暴是不稳定的班次、班表、滤油器、电脑病毒、邮件、电话、洪水、火警、断电、银行员工、债权人、黑心的供应商、糟糕的债务人、账户余额、节假日加班费、工会、劳动市场评估、食谱、环境健康审查、媒体、电视纪录片、报纸头版、嫉妒、招聘、解雇、焦虑、压力……

　　后面的几页文字选自一本可称为"风暴的开始"的日记，描述了我开始搜寻新食材的历程。2003年8月，就在诺玛开业前3个月，我们踏上了北大西洋之旅，造访了法罗群岛、冰岛和格陵兰岛。彼时我25岁，非常稚嫩，但和今天的我一样拥有100%的热情。在那之前，我从来没有写日记的习惯，但我觉得，既然要开始书写自己人生的新篇章，就不应该继续像之前那样随便涂涂抹抹，草草记下些关键字，一切都要重新开始。

　　今天我很欣慰自己当初这么做了。可惜的是，后来写日记的习惯又中断了，而且在接下来的几年中，我还鬼使神差地将其中3天的记录删除了。因此，这个故事可能看起来结束得有点仓促。即便如此，我还是希望读者能够借此体会到当时我的热情和乐观。

　　此番行程标志了诺玛厨房的开始，并勾勒出餐厅未来的轮廓。如果最初我曾对餐厅是否能够存续抱有怀疑，此行之后……嗯……

星期一

我们在当地时间上午10:00抵达法罗群岛的托尔斯港机场。扑面而来的是清新澄澈的空气，海崖上柔叶葱葱。巴士直达城中。当晚借宿在当地托斯哥塔路28号的一座建于20世纪30年代的小屋内。房子虽小，但温馨亲切。说实话，这要比住在酒店舒服得多。

我们首先与作家、诗人贡纳·霍达尔（Gunnar Hoydal）会面，他曾于2003年获得当地政府的文化表彰。他快速地向我们介绍了一下托尔斯港，以及法罗群岛的历史。午餐我们吃了炸鱼和薯条。不过我吃过更好吃的。我发现了一些很不错的户外灯，用在仓库里应该很不错。这些灯由建筑师霍格纳·拉森（Høgne Larsen）制作。

随后我们与法罗群岛贸易委员会的主席查坦·克里斯蒂安森（Kjartan Kristiansen）会面。而后我们计划共进晚餐。晚上7:00，查坦在家里欢迎我们，我们见到了他的夫人因加（Inga）。因加烧的萝卜是迄今为止我吃过的最美味的萝卜，菜肴所用的萝卜是刚从花园里挖出来的，甘甜、柔软、多汁，尝滋味堪比梨子。这究竟是什么原因？难道是因为凉爽的气候和夏天相对长时间的日照？真是不得了的发现！

这是我第一次接触到沙棘。沙棘是一种小小的橙黄色莓果，其味极酸，富有异国水果的风味，令人耳目一新！用沙棘做成糖浆、酱汁、阿夸维特酒，或将其晒干，做成咸点、甜点应该都不错，真的是运用无极限。我们还试吃了岩高兰，别人告诉我，它们长在丹麦霍恩贝克的平原上；但不如沙棘那么有趣。因加将其做成了她小时候常吃的法罗群岛经典甜点：岩高兰加酸牛奶（tykmælk），或奶油和糖。

查坦介绍我认识了"海军陆战队士兵"贡纳·西蒙森（Gunnar 'Marnie' Simonsen）。贡纳性格非常好，生来就是做渔夫的料。我们驱车来到他距托尔斯港约15千米的小鱼窟。在这里我们尝到了活的海螯虾。虾壳从尾部去掉，同时尽量避免它们在做垂死挣扎时用钳子夹到我们。虾尾上撒少许盐，即可享用！入口后，你仍然能够感受到虾肉在口腔中跳动，进出的肉汁迅速在嘴唇上凝结成胶质，这实在是太疯狂了！我不禁流下激动的泪水。克劳斯有点害怕，但也很兴奋。我们也尝试了熟的海螯虾，肉质相当紧致、鲜甜，味美绝伦，毫无疑问是最美味的海螯虾之一。每只海螯虾可重达400克。

我们还见到了贡纳的面包蟹（普通黄道蟹）。这些蟹捕捞自1200米深的深海

（在丹麦，捕捞深度通常只有100~200米），极冷的海水使蟹肉尤其多汁、美味、鲜甜。如果盲品，这些蟹的肉质与丹麦龙虾极难分辨！这无疑是绝美的食材，我们必须将它放在菜单上。我们会尝试在布吕根建个水族箱，以便收货的时候仍能保证其鲜活。

晚上10:00，我们回到住处。惊人的第一天。查坦及其夫人；那些沙棘、萝卜和海鲜；与贡纳的会面是本日的高潮。今日的发现让我血脉偾张。克劳斯吃了块丹麦杏仁蛋糕（kransekage），马斯煮了咖啡。好了，晚安。

星期二

克劳斯早晨7:00把我们叫醒。我们在哈夫尼亚酒店用餐，早餐是法罗群岛酸奶，味道浓郁，吃起来咸咸的，一点都不酸涩，有点有趣哦。

我们在当地一间小酒馆与约翰·莫滕森（Johan Mortensen）及雷斯托斯（Restorss）啤酒厂的"汽车经销商/蓄小胡子的男人"处见了面。他们分别讲述了自己的故事，我们也品尝了啤酒厂自产的啤酒（该厂是法罗群岛两座啤酒厂之一）。随后，我们去啤酒厂参观，与酿酒主管见面。厂商提供了一款当归啤酒，可惜并没有引起我们的兴趣。我们与二位在哈夫尼亚共进了午餐。午餐是自助餐，一堆毫无新意的菜色。我们见了酒店总监马丁·雷斯托斯，一起策划了第二天与法罗群岛专家的晚宴，晚宴将在酒店的餐厅举行。

午餐后，我们驱车前往"诺洛里斯德"（Norôlysid）号船。船长比吉·恩尼（Birgir Enni）张开双臂欢迎我们。比吉是一位拥有14年驾龄的船长，听说他也是位出色的厨师，会自己潜水捕获所需的贝类。这其中，巨型蛤蜊偏顶蛤可长到45岁，重达700克。我们就这么生吃，偏顶蛤的味道是大海和"肉类"的完美结合，它的汁水非常像奶味十足的海水。此外，比吉还从海床捕捉海胆——这是我吃过品质最好的海胆，并且不像欧洲南部的海胆那样有股浓重的碘味。这些海胆个大、肉多、鲜甜，且无比新鲜。

同行的还有来自哥本哈根首长（Kommandanten）餐厅的职业主厨莱夫·索伦森（Leif Sørensen）。他为我们环绕法罗群岛的4小时航行带来了风干羊肉（skærpekød）、腌小羊肉（restkød）、鳖（tørfisk）和盐渍领航鲸干（saltet tørret grindevahl）。我们驶入海窟洞，得见无与伦比的美景。莱夫和我们讲起暴风鹱。认为小暴风鹱已准备好飞翔时，暴风鹱妈妈会将幼鸟推落悬崖。由于周身赘肉，小暴风鹱最初几天根本飞不起来，因此不幸沦落为牺牲品，船员们可以成打地将其捞起。这些小鸟是绝美的珍品，但在丹麦几乎看不到，因为法罗人吃掉了其中大部分。我们必须带一些回去作为精选菜单的一部分。莱夫的产品对外国人来说非常有趣，它们风味浓郁，口味咸鲜，发酵味浓且干燥。我不太确定丹麦人对这些味道怎么看，用法或许类似香料。比吉给了我们一些在海窟中录下的音乐，可让身心放松，内心产生共鸣。也许可以用作餐厅的背景音乐？

结束了强风中的航行，我们再次回到了安全的陆地。我们都事先吃了一颗防晕船药，这真是太好了。曾有这样一种说法，从冰岛到挪威的轮船必须将晕船的成员留在法罗群岛，一个国家由此诞生。

我们在梅洛餐厅吃了晚餐，花了些时间讨论我们餐厅的名字。顶馥（Gultop）、蓝（Blue）、晶霜（Frost）、弗莱娅（Freja）、满获（Havmost），以及其他。八字都还没一撇，离完成还差得远呢。餐厅主厨处理了我们带去的偏顶蛤——水煮和焗。偏顶蛤吃起来和我们想象得差不多，咸，非常像鱼籽。烤制的偏顶蛤要比煮的细腻得多。这种食材可能很适合烟熏或风干，亦可以用来做成炖蛋、炖汤或与其他食材混合，形成绵密的质地。早先在船上吃到的生偏顶蛤是最美味的。第二道，我们吃了炸北极海鸥。这道菜看起来让人食指大动，味道有点像油封鹌鹑腿。但没过多久，鳕鱼肝油刺鼻的味道就给了我们迎头一击，怎么都咬不动的海鸥肉更是雪上加霜。毫无疑问，北极海鸥不会出现在我们餐厅的菜单上。主菜是冰岛的小羊肉，酥软、美味。甜点还不错。

晚上11:00。终于回住处了。等待克劳斯的是70封邮件。他很努力地想要打起精神，却在电脑前睡着了。马斯和莫勒哈夫（Møllehave）、勒内和多斯托夫斯基（Dostoevsky）也回房间休息了。晚安。

星期三

8:30起床。在哈夫尼亚草草吃了早餐，15分钟后抵达比吉·恩尼的"诺洛里斯德"号船。我们乘船来到一间鳕鱼腌渍工厂（"联合海鲜"，United Seafood）。天气棒极了，阳光明媚，风平浪静。现在法罗群岛的海陆景观真的是美不胜收。

在那里，我们见到了工厂总监比吉·依斯乔夫（Birgir Nonsgjogv）。他带我们参观了工厂，并向我们展示了他的产品：腌鳕鱼、鳕鱼脸颊和鳕鱼舌。这里的鳕鱼（每千克售价66克朗）品质是最好的，绝没有比这再新鲜的了。法罗人称这块海域品质最好的鱼为"fôryn bank"。"这种鱼产自深海中海水温度相对更低的地方，因此也更具风味。"比吉如是说。比吉会先将鱼在卤水中浸泡20小时，再风干8日。鱼下巴（每千克售价20克朗）带脸颊骨一起出售，因此大约有50%的损耗。鱼舌（每千克售价65克朗）则只需去除薄膜，因此损耗较少。鱼舌和鱼下巴以10千克的桶装出售，每桶含有20%的卤水。所使用的盐中含有磷酸盐！他的产品销往西班牙。

我们驱车前往另一座工厂（法罗海产，Faroe Marine Products），那里的气味实在令人作呕，没有几个正常人能够接受。我们就逗留了一个小时。管理总监在入口处见了我们，自我介绍说他叫作埃里克·胡萨默克（Eirikur â Husamørk）。工厂只生产干鱼头（每千克30克朗），产量极其可观。原料大部分是鳕鱼头，但也有其他品种。奇怪的是，这里95%的产品都销往尼日利亚。尼日利亚人在特殊场合会使用鱼头。风干过程约为1~2周，随后，鱼头被封装成每30千克一袋。显然，这些鱼头是制作汤品的绝妙之选。

我们快速返回了托尔斯港。接下来与大艺术家特龙·佩特森（Trôndur Pattursson）的会面，我们已经晚了半小时。我们立刻叫出租车前往科尔科伯（Kirkebø），其间我们还在一间面包房短暂停留，买了块"瑞露"（drilur）面包（一种黑麦面包）……味道很棒，可以或多或少用在餐厅供应中。

特龙的家是个温馨的小屋，所有的东西均由漂流木和石头构成。小屋坐落在海拔30米的小山上，占据了最靠近水源的位置。四周静谧安逸、空气清新，自然之美无处不在。我们一起喝了杯啤酒，听他讲自己疯狂的故事，以及他对餐厅名字的建议。我们参观了他的家庭农场，在有900年历史的餐厅着实感受到了"维京精神"。特龙补充道，餐厅里的东西都是真的。在西方，要找到如此正宗、历史悠久的古董真令人难以置信，更别提这些物件至今还为人所用。这种感觉宛如置身电影拍摄现场，令人难忘怀！我们还见到了他的外甥约安内斯·佩特森（Joannes Patursson）。约安内斯是位农夫，养殖高品质的羔羊。约安内斯养的动物栖息在他家的野草丛生的土地上——全部都是散养！也许我们可以等应季时向他购买。不过由于法罗群岛并没有经过欧盟批注的屠宰场，出口到丹麦可能会有点麻烦。

在回托尔斯港的路上，我们在伊顿（Eydun）家做了短暂停留。他向我们展示了用玄武岩制作的作品。我们请他尝试在一小块岩石片上凿一个凹槽，或许可以用作餐厅的餐盘。岩石会成为餐厅中非常重要的一种素材。特龙开车送我们回到哈夫尼亚酒店，我们与法罗群岛的一些专家享用了八道式的晚宴：腌生鲸鱼肉、角嘴海雀、鲅鲽鱼、鳕鱼下巴、鲸鱼肉块配炸洋葱、暴风鹱和食用大黄。用"有意思"来形容这顿饭应该不会错。角嘴海雀生吃很棒，肉质细腻、奶香浓郁，带有些许大海的味道。但煮熟后的海雀吃起来却有点鳕鱼肝油的味道，好奇怪哦！上奶酪拼盘的时候，新朋友比吉·恩尼来了。克劳斯去上洗手间，结果睡着了，信不信由你——那个洗手间实在是太小了，不比学校的厕所大多少。已经凌晨1:00了，1 小时前我们就应该去睡觉了。

星期四

啊，又睡过头了！我们火速前往旅游中心租车，此时已经9:40了。我们需要在11:00前赶到莱尔维克，不然我们就会错过去克拉克斯维克港的轮渡。克拉克斯维克是法罗群岛人口第二多的城市，拥有约5000居民。我们搭乘出租车去面包房购买"瑞露"，而后再前往汽车租赁中心，最终于10:58抵达了港口。

前往克拉克斯维克港的途中，景色令人叹为观止（根据我们的旅行指南，这是世界上景色最美的一条路）。今天又是无风、晴朗的好天气。我们直接来到了"弗洛亚·比约尔"（Föroya Bjór）啤酒酿酒厂。管理总监埃纳尔·沃格（Einar Waag）以及"弗洛亚·比约尔"的第三代继承人迎接了我们，他们十分热情好客。我们在埃纳尔餐厅用餐，并进行了会谈。随后参观了酿酒厂。啤酒的味道很不错！"黑绵羊"给人的印象尤为深刻。也许我们可以选用他们的金啤和烈啤？

回家的路上，我们在莱纳镇的木作大师奥勒·雅各布·尼尔森（Ole Jacob Nielsen）的住处短暂停留。奥勒·雅各布·尼尔森是个魅力四射、外向开朗的人，他招待我们喝啤酒。我们听他讲在使用原生素材方面，他是如何执着坚守的。他仅使用产自法罗群岛的木材，始终忠实于树木天然的形态和结构，并以此为基础创作。因此，他的每个作品都是独一无二的。最终，我们在他家逗留了3个小时。我们参观了他的工作室和展示空间。其中展示的木制品柔软舒适，设计细腻贴心，在手指触碰的瞬间，你几乎可以感受到树木在指尖轻柔地呼吸。我们委托他为我们的餐厅制作盐罐。精巧的小盐罐以花楸木根部制成，这些木根是奥勒奥勒·雅各布·尼尔森在一次严重的秋季风暴中无意中发现的，许多参天大树在这次风暴中被连根拔起。砍伐这些仅生长在法罗群岛的树和灌木是违法的。又回家了，我们放了海窟的音乐。马斯准备了些腌鳕鱼配根茎类植物，随后我们享用了1985年份的阿马罗尼酒。晚安。

星期五

我们8:30起床。今天没什么重要的安排，下午3:30需要出发去冰岛。我们在哈夫尼亚享用了安静、祥和的早餐，随后在市里稍稍散了一会儿步。我们买了法罗群岛的套头衫（运动衫）。

上午11:00，我们与陶艺师古里·波尔森（Gurri Poulsen）会面。古里是位很可爱的女士，她在她那间小巧的工作室内见了我们。她的作品非常精美，特别是那些瓷砖和茶壶。她邀请我们参加月底在哥本哈根举办的法罗群岛展览会。我们初步计划委托她为餐厅制作茶壶。随后，我们搭乘出租车去机场。

法罗群岛之旅无疑是个惊喜。人们亲切友善，食材质量上乘，有些品种简直可谓独一无二。从马其顿共和国回来后，我就再也没感受到保护得如此完好的、纯真天然的精神和气质了。人与自然和谐共存——在自然的环抱中，这也是他们唯一能做的。感恩，法罗群岛！

当我们飞过北大西洋，我们的期望值开始变高。除了知道约20万人居住在这个被称为世界奇观的巨型火山岛上之外，我对冰岛几乎一无所知。航班延误了，因此我们比预计时间晚1小时抵达雷克雅未克。我们搭乘出租车前往丽笙传奇酒店，在那里我们见到了贸易委员会委员约恩·雅柏格森（Jon Åbergesson）及其同事埃尔纳·比约斯多特（Erna Bjornsdottir）。其间有个小插曲：除了克劳斯，其他人的酒店订单都被取消了。因此，我们住到了埃达（Edda）和斯维里尔（Sverrir）的家里。埃达是名布景设计师，斯维里尔则是歌剧演唱家。他们那可爱的小房子坐落在旧城的中心，家中随处可见本地的艺术品。埃达和斯维里尔看起来十分开朗大方。谢谢你呀，丽笙传奇酒店，幸亏你们多卖房间，我们才有机会睡在当地人的家里。扔下行李后，约恩带我们稍稍参观了一下小镇。我们试了下当地的"热狗"——用羊肉和冰岛啤酒做成的，味道不错，但我对热狗没有太大兴趣，就算是冰岛人做的也没法改变我。

回到小屋中，主人带我们去街角新开张的寿司吧喝茶，那真是个热情惬意、充满惊喜的地方。约恩带我们去韦德·特约尼纳（Vid Tjornina）餐厅吃晚餐，那是间经典的海鲜餐厅，开了有20年了。事实上，餐厅是一栋大型的两层楼公寓，总面积为200~300平方米。最早的房间被分割成了酒廊和包间。原先的起居室兼餐厅现在是客人零点用餐的地方。晚餐以3种海鲜腌醋鱼开始：三文鱼、扇贝和大比目鱼；第二道是黑线鳕汤；第三道是鳕鱼下巴（torskekinder）配细香葱汁；主菜是大比目鱼配菠菜和马铃薯。晚餐挺不错的，但还是以泛欧陆料理为主，并非正宗的冰岛菜。鱼的品质无与伦比，大比目鱼尤为独特。或许我们可以从法罗群岛购买扇贝，从冰岛进口鱼类？因为感到很累，我们跳过了甜点。最后，我们回到寿司吧，喝了杯暖身的热清酒。好了，晚安。

星期六

我们9:00起床，与埃达和斯维里尔共进早餐。我们尝了斯维里尔自制的茶包，配方来自古维京的食谱，融合了干香料和香草。哇哦！或许他能为餐厅做一些，或者透露给我们他的秘方？我们听他们谈起几位艺术圈的朋友，并了解了应该去哪些画廊，拜访哪些艺术家和陶艺家。此外，我们还受邀前往85岁高龄的木作大师塞门杜·瓦尔迪马尔逊（Sæmundur Valdimarsson）的展览开幕式。

与克劳斯（Claus）和埃尔娜（Erna）会合，今天要拜访几位陶艺家和艺术家。首位陶艺家名为科布伦·比约格夫斯多特（Kolbrún Björgólfsdottir），他的作品包含一些精美的蛋盏，盏口刻着一些神秘的符号，非常适合当作盛放零嘴的容器。不过除此之外，也没更多特别有趣的东西了。我们相约在星期一或星期二再度见面。

下一位是瓦尔迪斯·哈里斯多特（Valdis Harrysdottir）。她是某间画廊的10位联合经营艺术家之一。她用纸胶混合物制成小巧可爱的纸碗，其上附着果干和蔬菜干，其中一些用来盛放零嘴再合适不过。但是有个问题，这些碗有很多孔，无法承受太多油脂或水汽。我们同意几天后再回来。我们还见了其他的艺术家，看到许多精美的作品，但没什么可以用在餐厅中的。

下午2:00，马斯和我来到了塞门杜·瓦尔迪马尔逊的预展现场，场面令人叹为观止。其中一件作品尤其让人印象深刻，它有着深色的木制躯干、蓝色的头发，亦雄亦雌，可能是个精灵，但绝对是冰岛土生土长的样子。

参观完预展过后，斯维里尔开车带我们乘巴士前往蓝湖。一到景点，我们就碰到了往家赶的克劳斯，他要回去看足球比赛（冰岛对德国，比分是0：0）。蓝湖是那种你必须亲眼目睹的世界奇观，它位于火山地貌的中心，距离雷克雅未克大约1小时车程。大片的蒸汽云忽然映入眼帘。这里温泉的温度稳定适宜，就像用电脑控制恒温烹煮蔬菜那样精准。如果你能接受时不时特别浓郁的硫磺味，在这里放空一天实在是太轻松了。

我们在希吉·哈勒（Siggi　Hall）的餐厅用晚餐，他可能是冰岛最知名的主厨。埃尔娜是召集人。我认识那里的行政主厨伊索尔（Eythor），他曾经是哥本哈根孔·汉斯·克尔德（kong hans kaelder）餐厅的主厨。

伊索尔用五道式的晚宴招待我们。开胃菜：法式驯鹿肉抹酱配脆面包片。前菜：鳕鱼配甜椒果酱和棕色黄油。二道：炸大比目鱼柳配鱼籽（løjrogn）。冰岛的鱼籽非常美味，极其新鲜，呈亮黄色，与我们在丹麦看到的那种添加了色素和盐却毫无滋味的鱼籽完全不同。这是令人惊喜的发现，我可以且必须在新餐厅中使用这样的鱼籽。第二道"二道"：炸腌鳕鱼配腌渍大蒜和菠菜。主菜：驯鹿及羊肉排配安娜马铃薯饼。驯鹿肉相当美味，这是我第一次吃，肉质极嫩、多汁、略带甜味。但其中隐隐带有的铁味，一些人也许不会喜欢。如果不考虑这点，这将是另一个我可以且必须使用的食材。冰岛羊肉也很嫩，与丹麦产的肉质粗糙且膻味极重的羊肉很不一样。根据本地人和希吉的观点，品质最高的肉产自冰岛的北部。我们相约几天后再次与希吉见面，他愿意帮我们联系几名肉贩。

甜点是熔岩巧克力蛋糕配豆蔻冰淇淋、焦糖布丁配草莓及杏仁蛋糕，配咖啡享用。又坐了一会儿，等伊索尔工作结束。随后我们到市中心喝了几杯啤酒，回到家有点太晚了。都说冰岛的夜生活会出乎意料，这是真的。晚安。

星期日

9:00起床，与埃达在屋顶平台上一起吃早餐。又喝了那种茶，味道真是哇哦！莱拉·汉娜（当日司机）来接我们。今天没什么重要安排，又是周末，所有"法定"商店都关门了。我们计划参观格列登福斯瀑布以及一座大型间歇喷泉，今天我们是游客。

黄金瀑布十分雄伟——冰冷的瀑布从大冰川上倾泻而下，直击火山岩。我们见识到了自然的力量。我们爬上瀑布周围的岩石，发现了冰岛的野生百里香，也可能是苏格兰百里香。它的味道浓郁而强烈，还带有淡雅的柠檬后味——太美妙了！我们会继续多多探索野生植物的。

午餐后我们开车前往间隙喷泉，这一眼喷泉可谓北欧最大。热泉水从地底30米处接近火山岩浆或极热的火成岩的位置喷涌而出，火成岩使水蒸发，转变成高压蒸汽，从地底一跃窜入20米的高空，太刺激了！接着，我们马上开车回住处，因为需要与冰岛外交部的斯维恩·比约森（Sveinn Björnsson）见面。斯维恩和他妻子来接我们。看起来他们似乎对我们的项目不太感兴趣——这次见面更像是一个商业任务——不过也许是我判断有误。你可以说他有点傲慢。比如，他一度说到丹麦人不喜欢羊肉，是因为他们不懂得吃！不过在"弗约乌布斯"（Vio Fjorubordid）的晚餐很不错，前菜是海螯虾汤，主菜是水煮海螯虾。但这里的海螯虾质量不是最好——肉质不太紧密，还有点土腥气。这间餐厅一周使用250千克的冰冻海螯虾虾尾。应该在冷冻前试试虾尾新鲜时的状态。随后我们驱车回住处。晚安。

星期一

今天起得很早，我们和斯维里尔及埃达共进早餐。我喝了4杯茶。上午8:00，埃尔娜开车带我们去一间鱼干专营店，但没什么好逛的，我们仅在那里逗留了5分钟就回到埃尔娜的办公室，开始计划今天接下来的行程。

第二站是冰岛的一间啤酒酿酒厂"埃伊吉利斯"（Egils），那里同时也制作冰岛伏特加。啤酒很好喝，特别是金啤。麦芽苏打也很美味——浓郁，富有明显、清爽的麦芽风味。我们还尝试了几桶陈年的稀有布列恩尼酒（阿夸维特酒），酒体馥郁饱满，略带橡木桶的甜味。我们还试了伏特加，酒精含量45%，三重过滤——真是热辣好喝的伏特加！下一站是一间有机面包房，生产可口的面包，表皮香脆。但所有的面包都是意大利式的，并没有所谓依照古法或传统冰岛食谱制成的"经典"面包。大蒜面包最好吃，但不是我们想要选用的产品。

随后，我们造访了最好的鱼贩之一——至少当地人是这么说的——结果是一间专卖鱼的"外带熟食店"。这里的鱼以不同腌料、干香草或新鲜香草腌制。此外，还出售鱼肉沙拉（plokkfiskur）、煮黑线鳕配混有大量黄油和洋葱碎的马铃薯泥。本店的主旨是让顾客将腌渍好的鱼类带回家，自行烹制。虽然不是我们能够用到的产品，但这个主意很棒。我们确实尝到了一款非常美味的烟熏鳟鱼。鱼肉不太肥，烟熏味恰到好处。我们得到了供应商的名字——"雷卡斯烟熏鱼厂"（Reykas Smokehouse），以后我们或许能从那里打听到些熏鱼的秘密。

十分钟后我们抵达了有机乳制品厂"生态布"（Bio-bú），在那里与实验室技术员苏珊·弗罗伊勒（Susanne Freuler）见面。他们的产品以质地稀薄的酸奶为主，没什么特别的。"生态布"刚刚建立，所以并没有太多的产品。规模逐渐扩大后可能会有黄油，因此我们同意等到黄油上市时再回来。显然，冰岛的奶牛品种纯正，可以追溯到维京时期。这些都是自由散养的奶牛，产奶量大约是丹麦奶牛的一半。但这是否意味着特别高的品质？我们还是需要试吃（更多来自冰岛的产品）才能得知。

我们在"诺迪卡"酒店（Hotel Nordica）享用了午餐，并见到了主厨哈康·马尔·沃瓦森，以及他的左膀右臂贡纳。贡纳曾经在哥本哈根的首长餐厅工作。他们俩都很殷勤好客，乐于助人。回到丹麦后，我们会与他们保持联系。在座还有另外3位，酒店总经理霍都·西格古斯滕（Hördur Sigurgestsson）、冰岛航空的首席执行官波斯汀·刚纳森（Porsteinn Gunnarsson）以及教育部长格维兹门迪尔·阿纳森（Gudmundur'Arnason）。午餐很棒，头盘是生腌小牛肉配杂蔬。主菜可以从鳕鱼配芦笋，或酥皮鲑鱼及海螯虾中任选。甜点是自助式的。哈康和贡纳带我们参观了巨型厨房——最新的烤箱、冰箱、炉灶……是的，所有一切都是新的。很明显，冰岛人希望在食品领域走在最前沿。我们与他们友好地道别，并火速前往下一站。

我们在MS乳品厂见到了埃纳尔·麦西尔森（Einar Matthiasson）。他安排我们品尝他们的斯凯尔（Skyr）。斯凯尔算是一种乡村奶酪，在冰岛有着悠久的历史，最早可追溯至1000年前，且食谱自古不曾改变，这太令人惊讶了！牛奶须先加热，再冷却至40℃。你可以加入凝乳酶和老斯凯尔，在细纹网布内发酵一天就能成熟，随后可以加入你喜欢的液态食材——牛奶或奶油——并运用在各类酥点、甜点中。斯凯尔尝起来真的太美味：低脂却奶香四溢，口感顺滑，风味浓郁，要比法式白奶酪好吃得多。难道本地奶牛产的独特牛奶真的会让产品天差地别？这是另一个我们必须使用的产品：过滤后的乳清称为麦撒（mysa）。旧时，人们使用麦撒来腌制并存放肉类。麦撒很酸，尝起来有点肉味。事实上，味道还挺不错的，或许可以替代柠檬汁或白葡萄酒，运用在酱汁或油醋汁中。麦撒有2个品种：纯饮麦撒和酸性麦撒，唯一的区别是酸性麦撒更酸。

我们在皮草店做了短暂停留。建筑师西格纳想要一些鱼皮和羊皮的样品。

火速回家，更换上正装。我们要与冰岛前总统维格迪丝·芬博阿多蒂尔（Vigdís Finnbogadóttir）见面。她邀请我们去她位于冰岛最大的"大湖"边的避暑别墅。四周风景如画，一切都是那么纯净天然：河水清澈，味道甘美；周边屹立的是沉稳的山丘和巨大的岩石，这次体验实在太美妙了。我们还跳进冰冷的水中与鱼儿们共游。维格迪丝带领我们参观了她面向辛格韦德利村的家，并招待我们喝了布列恩尼酒和啤酒。前总统是位温柔善良的女士，她看起来聪颖大方，有着非凡的人格魅力。

晚上，我们大家开车回镇上。格维兹门迪尔·阿纳森在城中历史最悠久的海鲜餐厅"三个法国人"（de Tre Franskmaend）等我们。我们品尝了生鲸鱼肉和生冷熏角嘴海雀，非常美味！比在法罗群岛尝到的美味得多。当然还少不了绝美的大比目鱼。鲽鱼的品质也很好。约恩送我们回家，然后和我们道别。晚安。

星期二

克劳斯上午11:00返回哥本哈根。今天与冰岛最好的新鲜鱼类出口商，"特罗斯鱼厂"的卡尔·索姆纳尔森（Karl Sølmunarson）在酒店见面，并共进早餐。会议井然有序，我们相信与他们建立了良好的联系。现在我们需要从冰岛航空拿到合理的空运价格。冰岛的鲜鱼是我品尝过的品质最好的鱼类之一。

我们马上来到"雷卡斯烟熏鱼厂"，我们之前在鱼肉熟食店尝过他们美味的熏鱼制品。他们向本地鱼贩收购野生鲑鱼和鳟鱼。个人也可以带自己捕获的鱼类来熏。烟熏方式非常原始，木材选用的是山毛榉木。我们在冰岛最大的乳制品公司逗留片刻，试了试他们的黄油和奶酪。质量不错，但我相信我们可以在丹麦找到更好的小型乳制品厂。

马斯和我来到了克里斯汀（Kristin）家，与这位著名的艺术家聊了聊艺术和文化。我们向科嘉（Kogga）预订了8个零嘴罐，并于当天从陶艺家古德里德·波尔森（Gudrid Poulsen）处预定了8个用来盛放收口小食的容器。

晚上我们与希吉·哈勒碰了个面，相互道别。他显然是个能在冰岛帮忙做事的人，充满魅力，我们会与他保持联系的。我们吃了寿司，尝到了生鱼，喝了点绿茶就上床休息了。晚安。

星期三

今日起得很早，7:15就得出发前往格陵兰岛。同斯维里尔和埃达一起吃了早餐，并和斯维里尔约定为我们订做中世纪风格的茶包，他的茶实在是太好喝了！我们交换了地址，他送我们去了机场。斯维里尔和埃达是我们在冰岛遇到的最和蔼友善的人之一，以后会常来探望他们的。

冰岛明显与法罗群岛不同。两地的共同点是未经雕琢的自然风光，以及对广阔空间和美好事物的敏锐感知，这是我在别处未曾经历过的。但是，冰岛给人的感觉更像欧洲大陆——非常有激情，你可以感觉到冰岛国民很想走在世界前沿，成为一个超现代社会。我们碰见的每个人都对细节颇为执着。他们制作的陶瓷虽然造型现代，但隐隐透露出原始的风味。富有创造力的人好像随处可见。这种能量，包括斯凯尔、鳕鱼、大比目鱼和鱼籽，我都应该带回丹麦。感谢你，冰岛。

我们于10:45从雷克雅未克出发，前往南格陵兰的纳沙斯瓦哥。航班可谓史上最糟糕。我们要在山之间的峡湾着陆，着陆的时候，不断有强风从一个悬崖吹到另一个悬崖，这些风是美国飓风的尾巴。这个着陆太吓人了，我一度以为我们要完了，就这么坠机了。在我边上有位老妇双手合十在祈祷。这个经历真的太糟了。波尔·埃里克·佩德森（Poul Erik Pedersen）在机场接我们，他有点怪怪的，戴着美式棒球帽，穿着伐木工的外套。他很内向，双手大而粗糙，几乎要比他随身携带的来福枪还要大。今天真奇怪！埃里克会带我们坐船去纳萨克，需要几小时的航程。游船的经历也挺诡异的。不过可能是我太因循守旧了——也许在汹涌的海面航行，穿梭在深蓝色的浮冰之间是很正常的。确实，环境优美独特，但让我很不舒服。

在纳萨克的码头，莫滕·米克尔森（Morten Mikkelsen）来接我们。他是一名主厨，也是格陵兰岛唯一的烹饪学校"伊努伊"（Inuilli）的老师；我们在纳萨克期间会留宿在"伊努伊"学校。我们几乎不可能找到比这间学校更好的住所。从我们的窗口望出去，可以看到浮冰懒散地漂浮在碧蓝清澈的海面上，到处都是低矮、柔软、铺满鲜花的山丘，我们好幸运！

学校正在开展有关格陵兰岛原产食材的实验，所以学生们从高沼收集了野生香草和浆果。我们试吃了红景天。红景天长在水边，香味馥郁，其根部应该很适合晒干后食用。还有蓝铃花（klokkeblomst），这种桔梗科植物味道十分甜美，生长在高沼区域，也许可以用来泡醋，制作芭菲和腌料，撒在做好的野味上，或做他用。另外还有格陵兰椿（Greenlandic post），尝起来类似迷迭香或墨角兰。哇哦！苏格兰百里香的味道比我们所熟知的各类百里香都更强烈、刺激，但没有冰岛百里香那样富有柑橘的味道。此外还有蓝莓、黑莓和越橘，我们从来没有吃到过味道这么好的。如果能采购到此等品质的野浆果，我们应该大量使用。野生西洋当归（当归属）的味道好得像是犯罪。我们试吃了一些嫩芽，味道介于西芹和欧当归之间。这是一座独特的学校，看起来比其在丹麦的"姐妹学校"要好。所有的东西都是自制的，从腌肉到甜当归薄脆。学校勇于探索本地食材的精神实在是太棒了。

而后我们见了格陵兰岛美食作家、博物馆馆长芮·欧登伯格（Rie Oldenburg），她送了我们一本她写的书。我们在她家呆了一个小时，讨论了格陵兰岛的饮食文化历史，之后火速赶回住处。丹麦国家足球队正有场国际比赛呢。不出所料，丹麦队的表现令人失望，但至少终场我们取得了平局。

晚餐是在烹饪学校吃的。餐点制作和服务都由学生负责。在校学生每天都会为其他学生提供类似的服务，这样的学校可以说是很少见的。他们做的维也纳炸牛排很好吃！勒内在乒乓球台上战胜了马斯。我们和一些当地人一起喝了葡萄酒。非同寻常而美好的一天，晚安。

星期四

　　我们于8:00起床，在学校的餐厅吃了早餐，所有的东西都是自制的——你知道这有多酷了吧？我们和校长埃斯本·托福特达尔（Esben Toftdahl）和莫滕进行了短暂的会谈。我们将尝试建立某种合作，比如每年招收他们的一些毕业生。作为回报，他们会为我们收集当季的野生香草和浆果。最大的问题是如何保证其在运输到丹麦后仍是新鲜的？必须找到对策！也许可以将其烘干？亦或选择冷冻运输？物流大概需要2周。海运的价格大约是50丹麦克朗。我们必须在哥本哈根附近看看是否能找到类似的食材。我们进城快速参观了本地人称为brættet（市集）的地方。这是本地渔夫和猎人贩售当日所获的场所，品种多种多样，包括海鸥、鲸鱼肉、鼠海豚等。今天有新鲜捕获的海豹、海鸥、鳕鱼、鲶鱼以及许多浆果、花卉和长在高沼上的根茎类植物。南格陵兰岛小镇上的集市比丹麦的市场（Israels Plads）好得多。埃斯本和莫腾送我们去港口，"萨皮克·依图克"号船（Sarpik Ittuk）在等着我们。接下来的2天，我们要坐航船去努克。我们一边囫囵吞下一把防晕船药，一边祈祷有个好天。

　　船上没什么能做的，我有大把时间回顾过去10天经历的事。我们坐在甲板上，里三层外三层把自己裹得严严实实，随着船的晃动昏昏睡去。空气凛冽清澈，万籁俱寂。船在尤利安娜霍布（Juliannehåb）停靠，我们在此处逗留了2小时。我们参观了市区，见到骑着自行车的波尔·埃里克·佩德森，他就住在这里。我们聊了会儿风和天气。在这次游历中遇到的人都很随和。我们稍微逛了逛，买了些零食；午餐吃的是热鱼饼。

　　我在船舱里稍微看了会儿书，这本《罪与罚》就快看完了。风暴乍起，海浪逐渐变大，我试着入睡，居然如愿以偿。几小时后，船长把我叫醒，极美的北极光就在眼前。妈妈咪呀，是真的极光！我当服务生的时候，曾多次与客人聊起极光。我见过照片，但我不认为照片能够充分表达极光的美。言语已经无法形容极光的魅力了，照片也无法表现极光变幻的颜色，以及云彩间细腻跳跃的色调。我希望我有能力用词汇来描述，可惜，我不能。但我很庆幸，在飞越了小型飓风，驶过了惊涛骇浪后，换来了这10分钟魔幻般的体验！晚安。

星期五

　　我睡过头了，主要是因为船上的风浪实在太大。早餐也没能吃上。船上的餐厅早上和晚上各营业一小时，其他时段仅供应水、啤酒和糖果。马斯早餐吃了瑞士三角巧克力，我就吃了些消化饼。冲了个澡之后，我们试着走上甲板，但风太强，雾太浓。马斯又昏睡过去，我则在看书。但午餐时间又被我睡过去了。我吃了苹果，和马斯分享了黄瓜和一包焦糖味的消化饼。现在是下午2点钟，风变小了，雾开始散去。我们躺在甲板上，享受着阳光、宁静、空气和自然。船的四周尽是白雪皑皑的山丘和巨大的花岗岩岩块。时间似乎静止了。一切都是未经雕琢的。世间万物之存在并非轻而易举，大自然才是统治者。

　　傍晚5:50，船上所有人都在排队等待晚餐。今日菜单是古法烤牛肉配锅底酱、香草慕斯，但味道实在不怎么样！船抵达努克时已是晚上9:30了，在码头等待我们的是汉内（Hanne），她是我们来自丹麦的当地向导阿维阿雅（Aviaja）的婆婆，她手持小小的指示牌："马斯和勒内"。我们开车回住处，在途中大致介绍了自己的项目，然后随便吃了点东西。两天内第一次查看邮箱。建筑师西格纳的信让我们神色凝重，还是关于许可证的问题。不过心情很快就由阴转晴，多亏了汉内倒的葡萄酒。闲聊了一小时。汉内会尝试帮我们的事中，包括把我们引荐给格陵兰航空的市场总监迈克·宾策尔（Michael Binzer），她还会试着让我们上广播节目！接近子夜时分，我们登记入住努克酒店，终于住上宾馆了。稍稍听了下音乐。晚安。

星期六

　　8:00起床用早餐。打电话给阿维阿雅的舅舅蒂图斯·莱纳特（Titus Lennert），他是我们本日的向导。我们开车去集市。肉类非常丰富，特别是因为刚好应季，驯鹿肉到处都是。奇怪的是，鱼类并不太多，只有少量的鳕鱼、鲶鱼和鲑鱼（蒂图斯告诉我们，格陵兰人大多无肉不欢）。我们买了些用欧石楠木熏制的野生鳟鱼肉和干驯鹿肉，作为午餐。稍微参观了下城区，与蒂图斯的妻子碰面后，大家一起用餐。马斯不喜欢干驯鹿肉，因为铁锈味太重了，我倒是很中意。铁的味道确实非常明显，就像炸猪肝一样——我很喜欢，不过对多数食客来说可能过于特别。或许可以用作香料？不过，我们都同意，熏鳟鱼有点熏过头了，鱼肉有点金属的味道，但肉质很不错。

午餐过后，我们致电朱莉·哈登伯格（Julie Hardenberg），欲前往参加今晚在她住处举行的小派对。朱莉身兼多职，其中包括摄影艺术家和作家，她最近刚出版了用格陵兰语撰写的儿童读物。我们很快返回酒店冲澡，在路上买了一瓶葡萄酒（395丹麦克朗），然后出发前往派对。派对气氛舒适融洽，宾客包括地理学家、电影制作人和手工艺者。每人都带了些吃的，比如鼠海豚汤，鼠海豚肉尝起来有点像干掉的烤牛肉，但味道不错；还有慢煮驯鹿腿肉，非常美味；以及经典的欧陆系菜肴：意面沙拉、马铃薯沙拉、库斯库斯等。我们组织了一场比赛，希望大家为餐厅名称出谋划策。每人有15分钟的思考时间，想出一个词汇能够概括整个北欧——但必须国际化，不能太北欧；可以源于某个传统的食物，但需要着眼未来——这是比赛前的通告。大家真的摩拳擦掌，我们也收到了很多极好的建议。获胜者是"Avala"，意为"运动，接受挑战"，很不错。我们和一位地理学家聊了聊，他向我们讲起玄武岩是如何在地心生长，并且是如何成为北大西洋地壳的。事实上，冰岛、法罗群岛及迪斯科岛90%都由玄武岩构成的。与他聊过后，我们都很确定，餐厅名字要叫"玄武岩"，我们只需要说服其他人就好。

我们还认识了波尔·E.詹森（Poul E Jensen），他是当晚的小丑艺人，但他真正的工作与一种令人兴奋的矿泉水有关。溪流直接从努克山流出，水质无比清澈、美味。不同寻常的是，此处水源深埋在地下，因此，水温终年保持35℃。这意味着它全年可得，不会像其他格陵兰的水源一样会在冬天结冰。

我们不想留到太晚，因为第二天一早就要与格陵兰岛最棒的尼皮萨（Nipisa）餐厅的老板鲁内（Rune）会面。与友好的朋友们度过了无比美妙的夜晚。晚安。

星期日

　　早晨10:00，鲁内过来接我们，我们一起出海。天空万里无云，海面死一般的寂静，空气温和。我们希望能够看到座头鲸，或者海豹。

　　航行了15分钟左右，我们看到了第一头鲸鱼。鲁内快速向前开，我们很快就接近了鲸群，接下来的1.5小时我们都与它们在一起。距离是如此之近，我们甚至可以触摸到这些35吨重的宝贝。我们一度能够感受到它在喷水，但其实感觉并不是太好，仿佛不太清新的口气。这是我第一次见鲸鱼，而且距离如此之近！我们多么幸运——我可以整日整夜和它们在一起！我们在海边吃了由鲁内带来的午餐：格陵兰岛羊肉、炸熏鱼肉、烟熏鲸鱼肉、煎角嘴海雀、烟熏大比目鱼和三文鱼肉冻糕、麝香香肠和生对虾。样样都很美味，特别是生对虾，滋味甜美，口感有点像软黄油，必须要带些回餐厅。午餐后我们忽然看到了海豹，说时迟那时快，鲁内立马把枪上膛——猎捕开始。追了一个多小时，没有命中目标，我们只好放弃了，于是返航回岸。和鲁内说再见之前，我们约好周一晚上共进晚餐。

　　下一站是去见拉尔斯·罗辛（Lars Rosing），一位在朱莉·哈登伯格的派对上见到的本地木匠。我们开车来到其生物学家的哥哥迈克（Michael）的住处，他业余时间也会做些薄脆饼干。什么都可以往饼干里加：当归、红景天、小酸模、岩高兰、椿、百里香、笃斯越橘、嗉囊。嗉囊薄脆特别美味，事实上，这也是我们拜访他的主要原因。

　　红松鸡是素食野鸟，通常以植物花苞为食，如果正当季，也会食用浆果。花苞和浆果会落在鸟喙下小小的嗉囊中，而叶子和树枝则会被过滤掉。轻微的发酵会在嗉囊中发生。猎人们打到这种野鸟后，会留下它们的嗉囊——嗉囊是绿色、湿润的，可以做成薄脆饼干。根据季节和可得性不同，嗉囊的风味也会有极大差别，但着实有趣、非同寻常。我们一定可以把它用作除薄脆饼干以外的其他方面，像是晒干后作为香料或用来泡油。格陵兰岛的小孩会把空的嗉囊像小气球一样吹来玩。我们买了一些嗉囊带回家，并安排让迈克每年给我们寄4~5千克。

　　晚上无事，我们接受电台的采访，顺便在本地一家餐厅吃了便餐。早早上床休息，实在太累了。坐船消耗了我们所有的体力，真是太奇怪了。晚安。

一位北欧主厨的肖像

鲁内·许曼-尼尔森

勒内·雷哲皮还是个小男孩时，没有任何迹象表明未来他会成为国际美食领域最有远见的大厨之一。若论出名的可能性，勒内的双胞胎兄弟肯尼思倒是更大些。肯尼思聪颖好学，而勒内最讨厌的就是坐在教室里了。尽管因为生长在双语环境中——父亲是马其顿人，母亲是哥本哈根人——他很小就会讲英语和法语，但在哥本哈根工人阶级区郊外的小学中，勒内仍然算不上好学生。简单来说，勒内是个身体中流淌着巴尔干血液的短小精干的小伙子，如果课程太无聊，他就会昏昏欲睡。不过，勒内和肯尼思兄弟俩有一个共通点：努力不懈的工作态度。年仅9岁时，雷哲皮兄弟就成为了当地一家周报办公室的话题中心。这对小伙子每周三和周六会自豪地送10轮报纸，"一月份的销售广告摞得那么高，比我们都要高呢。"勒内回忆道。不仅如此。雷哲皮兄弟还会帮助街角胭脂店的老板跑腿。老板给他们的自行车太大了，不过每送一箱啤酒他们就能得到5克朗。后来，附近超市的人都称他们为"瓶子兄弟"。

他们的父亲和母亲分别是出租车司机和清洁工，因此，他们必须想办法自己负担衣服、野营旅行，以及手球和篮球俱乐部的各项会员费用。到了夏天，雷哲皮一家会搭乘巴士前往父亲位于马其顿的老家，由于一年中的大部分时间都生活在繁华的斯堪的纳维亚，到马其顿后势必需要一段时间适应。多年来，当地街道的焦土上只有两班车来往，如果男孩们想要去探望离城中有段距离的阿姨，他们就得骑马，或搭马车。大人们白天待在田野里，小孩子们就在周围的山坡疯跑，摘野黑莓、捡栗子。如果晚餐要吃鸡，家里人就会自己杀；如果要喝牛奶，就会自己挤；如果需要为面包搭配黄油，家人就会先把面包烤好，再去搅黄油。对于这些家庭琐事，勒内一脸不情愿，而且根本不想在马其顿亲戚家残破的厨房里帮忙。"多数时候，夏日过后回到丹麦的学校，每每谈起暑假的经历都会让我抬不起头，特别是我们还盘着腿在地上吃饭。"

比起普通的丹麦家庭，勒内一家有着不一样的烹饪习惯。20世纪80年代，丹麦家庭的厨房里会堆满各种从超市购买的冷冻食品和预制食品。"其他人星期六午餐都在吃炸鱼条、无花果果酱和鸡肉时，我们没钱吃那些。相反，父母会帮我们准备用醋、盐、橄榄油调味的番茄沙拉，有时还加入鸡肝和利马豆。我都是吃这些长大的。"

从学校毕业后，勒内的一个朋友申请了餐饮学校；勒内没有什么更好的选择，因此也一同前往。他从来没想到自己会在餐饮这条路上走下去。开学后几天，老师安排了一个比赛，

这场比赛改变了勒内的未来。为了准备比赛，他和朋友浏览了一本常见的食谱，选择了鸡肉配腰果酱这道菜。"我之前从来没有听说过腰果，我觉得这会让老师印象深刻。开始展示的时候，我朋友想把酱汁淋在鸡肉上，但我说，'不，不要，你应该让每样东西都能被看到。'这个比赛对我来说是个里程碑。我感觉自己像是换了一个人。我那时只有15岁，通常只关心天气，因为那决定了我当天是否可以去踢球。突然间，我必须要考量自己对食物的喜好、向别人展示什么，以及要如何赢得那场比赛……这使我无法自拔。"勒内回忆道。

入学一年后，他必须出去寻找实习机会。16岁的他碰了很多次壁，因而只能先进入帕拉兹酒店（Palads Hotel）当实习服务生。3年后的1996年，哥本哈根的米其林星级家庭餐厅"皮埃尔·安德烈（Pierre André）"怜悯勒内，最终接受了他。餐厅主厨菲利普·欧德特对勒内是如此信任，甚至允许勒内在3年实习期的后期为菜单提出建议——其中包括一道异域风情的组合菜式：焦糖菊苣配柠檬雪葩。今日的诺玛餐厅中是绝对不会出现这种菜肴的。

1998年，勒内想要出国深造，菲利普·欧德特第一时间发几封推荐传真。8分钟后便收到南法蒙彼利埃的感官花园餐厅（Le Jardin des Sens）的回复。戴着高不可攀的米其林三星光环的感官花园餐厅表示愿意在夏天雇佣勒内这个丹麦人。勒内·雷哲皮的一个梦想由此实现——众多梦想中的第一个。当然在那之后，在开启诺玛的冒险之前，他还在不同国家积累了更多的经验，包括斗牛犬餐厅、法国洗衣房餐厅（French Laundry）和孔·汉斯餐厅。

2008年，勒内·雷哲皮初为人父，妻子娜迪纳（Nadine）生下了女儿艾文（Arwen）。新的责任限制了他的机会，以及他想要长期在国外学习的梦想，但是他对知识的渴求从未停止，因此他仍会时不时离家求学。比如，2009年12月他在日本京都的一间米其林三星餐厅中当了2周的普通厨师。2个月后，他再次来到冰岛，他给自己定下目标：调查冰岛过山车般的经济是否会对冰岛饮食有所影响。在路上，他遇见了一系列有趣的味觉体验：在火山石上烘烤的面包、海参、海胆、新品种的海藻，甚至还有马肉。

"负担不起进口食材时，你自然就会着眼于自己手中的资源，考虑该如何利用这些食材，如何做到自给自足。从长远来看，这对冰岛的饮食大有裨益，并且会有更丰富的当地渔产重新被端上餐桌，这些海产在10年，甚至20年前，曾是人们每日的口粮。"勒内评价道。

此外，大约每月一次，他会出国与其他顶级国际大厨一起参加研讨会和各类会议。与勒内同辈的大厨们和他们的前辈不同，他们不仅会互相竞争，更会互相合作。因此，在2009年5月，诺玛作为主办方，邀请了12位前途大好的国际大厨，此次会议的目的是相互学习，交流各自的食材处理方法。随机选出的大厨包括克劳德·博西（Claude Bosi）、大卫·张（David Chang）、帕斯卡尔·巴尔博（Pascal Barbot）、艾尔伯特·亚得里亚（Albert Adrià）、伊纳基·艾兹皮塔特（Inaki Aizpitarte）、久保田一郎、维利·迪佛雷纳（Wylie Dufresne）和丹尼尔·帕特森（Daniel Patterson）。

　　"这样的会议，我会邀请履历最光鲜、对自己的项目全身心投入的大厨参加，"勒内解释说，"都是我听说过、读过相关报道，或曾经见过的人。这样的经历对诺玛的各个方面均有增益。由于背景和经验颇为不同，会议的主旨是观察我们如何以各自的方式解决同样的问题。"对于在美食领域，新精英阶级中会产生除了良性竞争以外的东西这种说法，勒内不予理会。"灵感永远是健康的。没人会去偷别人的想法。毕竟，该如何做到一边偷别人的想法，一边保持自己的愿景呢？"

　　像勒内这样的人，醒着的时候绝大多数时间都在工作，那么他在餐厅中结识了自己的另一半娜迪纳就一点都不奇怪了。娜迪纳是一名服务生，而当时勒内刚从一段长期的关系中重新恢复单身，这段关系被他每周80~90小时的工作时长打败了。现在，勒内夫妇计划至少以北欧饮食为重。"那之后我们才会考虑现状。这个项目已经经历了许多波折。我们从城中的笑话变成了饕客们对丹麦饮食的第一印象。这是一项不可思议的责任。诺玛打破了德国这道壁垒。通常，斯堪的那维亚的信息无法跨越德国，如实传播到全世界，我们需要好好利用这一点。有了孩子以后，我首要及最主要的目标，是要更努力地工作，让诺玛成功。虽然听起来很老套，但我希望我的孩子不需要像我一样日夜辛劳。

时间与空间

迪特·伊萨格　摄影

克里斯蒂娜·鲁道夫　摄影企划

白芦笋
WHITE ASPARAGUS
芦笋，亦称为"春之君王"

43

来自南西兰岛的汉内·莱托夫特
Hannah Letoft from South Zealand
44（346）

辣根
HORSERADISH
野生辣根叶及辣根枝干

45

黄瓜和马鞭草
CUCUMBER AND VERBENA
46（250）

牛肝菌及煜煮松露蛋白霜
CEPS AND POACHED TRUFFLE MERINGUE
47（251）

茴香
FENNEL
生长在西兰岛西岸的野生茴香

48

奥兰的小麦粉
ÖLAND FLOUR
此类古老的面粉品种起源于瑞典的奥兰，而今
在丹麦西部也以生物动力法种植

49

猪五花及猪皮、熊葱叶、芽、根与花
PORK BELLY AND PORK SCRATCHINGS, RAMSON LEAVES, SHOOTS, STEMS AND FLOWERS
50（252）

新鲜奶酪及云杉嫩芽
FRESH CHEESE AND SPRUCE SHOOTS
51（253）

花楸果嫩芽与蜂蜜酒、新鲜奶酪及面包干
ROWAN SHOOTS AND MEAD, FRESH CHEESE AND CROUTONS
52（254）

鸭蛋
DUCK EGG
诺玛餐厅选用的鸭蛋和海鸥蛋，风味独特

53

牛奶冰和薏仁、水波蛋及甘草
MILK ICE AND BARLEY, POACHED EGG AND LIQUORICE
54（255）

雪人
SNOWMAN
55（256）

白醋栗
WHITE CURRANTS

白色的醋栗与其甜美的表亲红醋栗不同，其味道清新酸爽略带涩涩的口感，是贝壳类的完美搭配

56

洋葱
ONIONS

洋葱来自莱斯岛，那里仍出产各种丹麦本土品种的洋葱

57

焦糖与麦芽
CARAMEL AND MALT

58 （257）

蒸桦木高汤、鸡油菌和新鲜榛子
BOUILLON OF STEAMED BIRCHWOOD, CHANTERELLES AND FRESH HAZELNUT

59 （258）

桦树林
BIRCH FOREST

塔格·罗恩家附近的桦树林

60

新鲜韭葱
FRESH LEEKS

61

芦笋、蒲草和鸭蛋
ASPARAGUS, BULRUSH AND DUCK EGGS

62 （259）

丹麦泡芙和苹果黑醋蛋白霜
AEBLESKIVER AND VINEGAR MERINGUES

63 （260）

白醋栗与黄瓜汁啫喱、欧洲没药及榛子奶
WHITE CURRANTS AND GELLED CUCUMBER JUICE, SWEET CICELY AND HAZELNUT MILK

64 （261）

马铃薯片与酸奶
POTATO CRISPS AND YOGHURT

65 （262）

皮特亚产的云莓、焦香蛋白霜与香草茶
CLOUDBERRIES FROM PITEÅ, BURNT MERINGUE AND HERBAL TEA

66 （263）

乌贼
SQUID

科学家们预测，全球海洋生物的多样性会在未来急速下降，因此，乌贼会变得更大、更强

69

桦木
BIRCH

刚砍下的桦树段

70

白梭吻鲈
PIKE-PERCH

白梭吻鲈在芬兰的187888个湖中均有分布

71

新鲜鲭鱼及烤黄瓜
FRESH MACKEREL AND GRILLED CUCUMBER

72（264）

桦木甜点
BIRCH WOOD DESSERT

73（265）

本地生蚝壳
NATIVE OYSTER SHELL

丹麦本地的生蚝养殖已有数百年的历史，人们认为，在人类早期的狩猎采集时代，生蚝是重要的营养来源

74

海藻
SEAWEED

从挪威海岸采集的海藻

75

蛤蜊
CLAMS

瑞典西岸的新鲜蛤蜊

76

鱼尾
FISH TAILS

鱼尾可以作为制作高品质鱼高汤的基础食材

77

大菱鲆裙边及鱼脸颊、
芦笋与马鞭草
**TURBOT SKIRTS AND CHEEKS,
ASPARAGUS AND VERBENA**
78 (266)

来自拉迈夫乔登的瑟伦·勃兰特·维夫
**SØREN BRANDT WIUFF
FROM LAMMEFJORDEN**
79 (347)

冬卷心菜及冬生蚝
WINTER CABBAGE AND WINTER OYSTERS
80 (267)

蓝壳青口贝及当归配小牛胸肉
**BLUESHELL MUSSELS
AND ANGELICA WITH
VEAL BREAST**
81 (268)

熟韭葱及焦糖猪高汤脆、
灰泥与榛子泥
**COOKED LEEKS AND CARAMELIZED PORK STOCK,
ASHES AND HAZELNUT**
82 (269)

托帕兹苹果、新鲜榛子及墨角兰
**TOPAZ APPLE, FRESH HAZELNUTS
AND MARJORAM**
83 (270)

生蚝及麦芽油、苹果及西米奶油
**OYSTERS AND MALT OIL,
APPLE AND TAPIOCA**
84 (271)

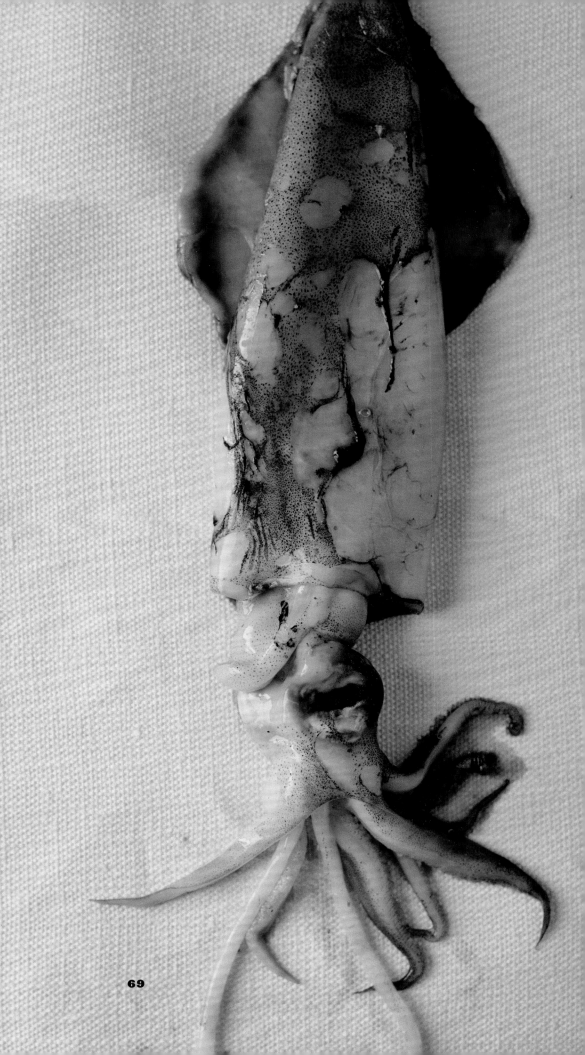

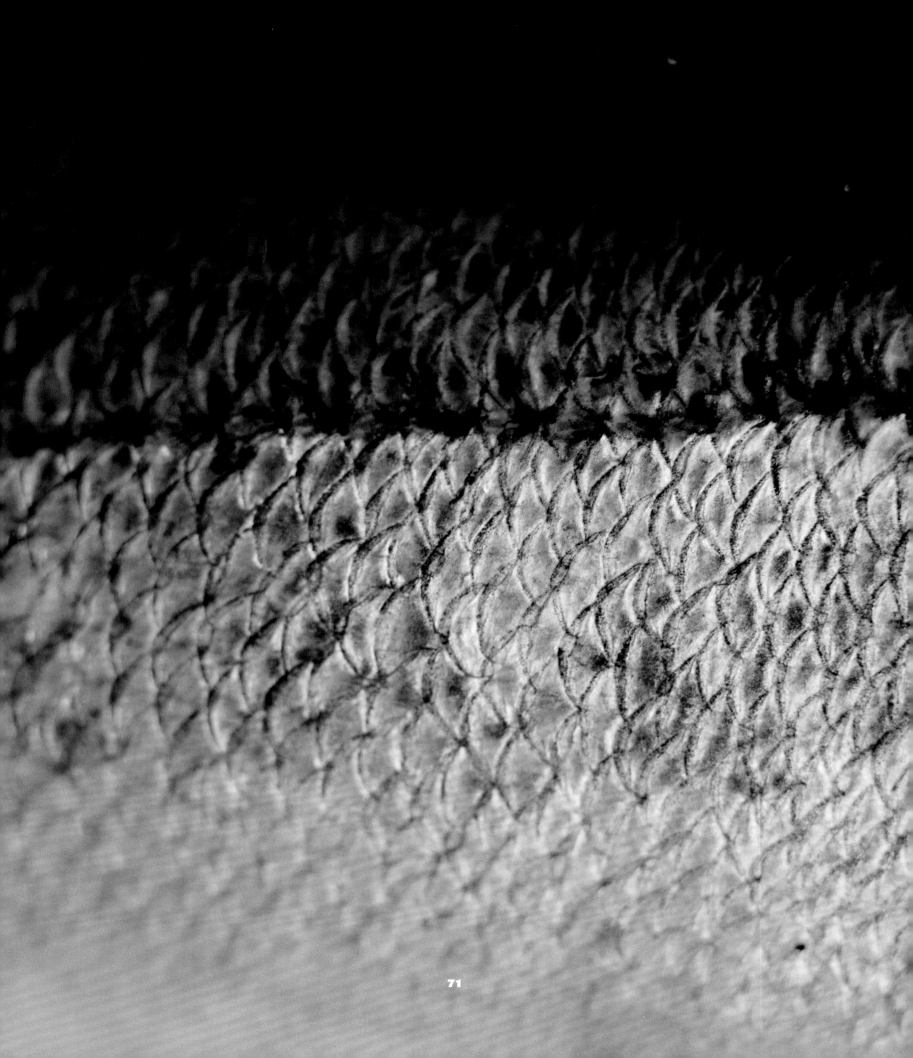

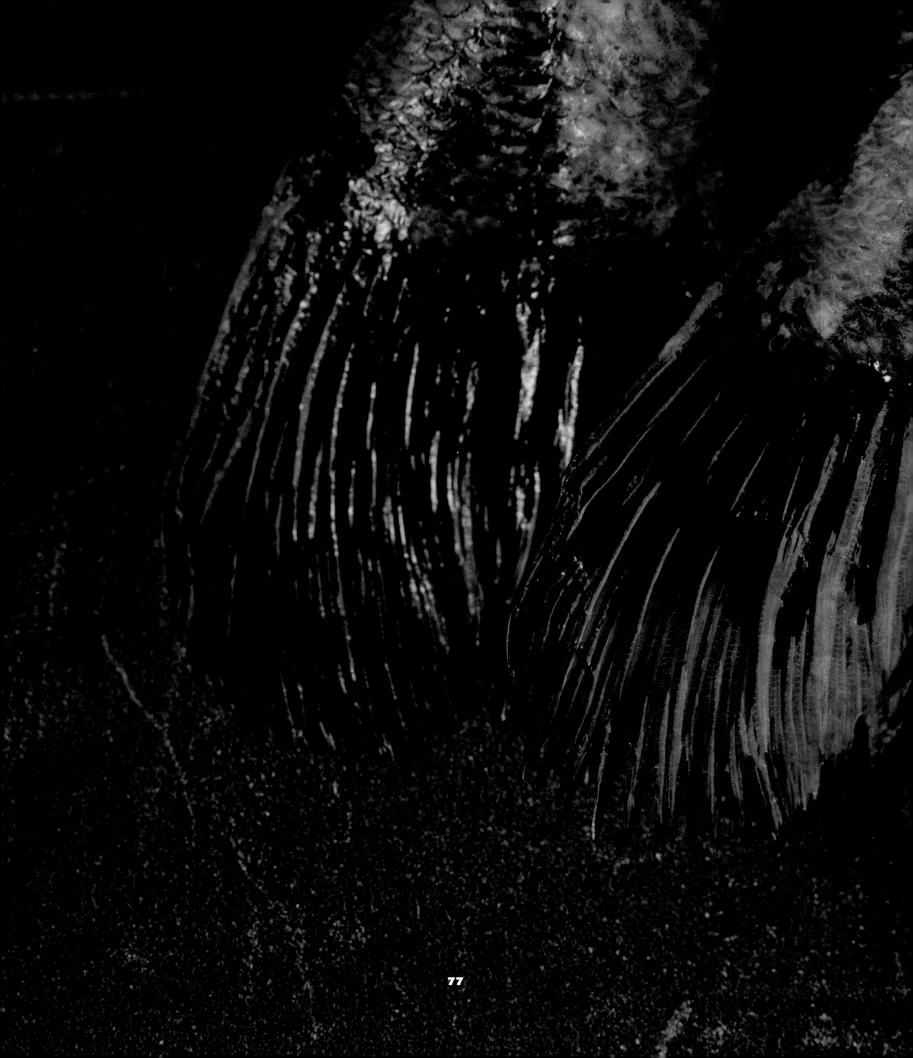

蒲草
BULRUSHES
蒲草带有浓郁的黄瓜风味，后味带有轻微的辛辣

89

豆类
BEANS
诺玛餐厅所用的豆类形状、大小各异。由克里斯·埃尔博提供，在其位于西兰岛北岸的自家花园中有机种植。豆类通常在8月中旬品质最佳

90

来自安德斯洛夫的罗兰·里特曼
Roland Rittman from Anderslöv

91（348）

崖柏松果
THUJA CONES
崖柏风味浓郁，应小心使用

92

青草莓
GREEN STRAWBERRIES
比起成熟的红草莓，青草莓更酸、口感更爽脆

93

野生百里香
WILD THYME
比起地中海流域出产的百里香，广泛生长在北欧的野生百里香带有更浓郁的柠檬风味

94

辣根
HORSERADISH
新鲜辣根、醋和黑麦面包是北欧饮食文化的基石

95

麝牛肉及新鲜嫩大蒜、牛奶皮及焦糖蒜苗
MUSK OX AND FRESH YOUNG GARLIC, MILK SKIN AND CARAMELIZED GARLIC

96（272）

蚕豆
BROAD BEANS
丹麦自14世纪就开始种植蚕豆

97

罗马生菜
ROMAINE LETTUCE
罗马生菜根极其多汁，加热后散发出浓郁的坚果风味

98

熊葱叶
RAMSONS LEAVES
熊葱亦称为野生大蒜，广泛分布于大部分哥本哈根的公园

99

葡萄
GRAPES
2006年，我们在利勒岛拥有了自己的葡萄园，主要种植的葡萄品种有雷司令、长相思、西万尼和索莱利。首批年份酒以勒内的女儿——"艾文"命名

100

鳎鱼及青草莓、海白菜与新马铃薯
**DOVER SOLE AND GREEN STRAWBERRIES,
BEACH CABBAGE AND NEW POTATOES**
111（277）

苹果
APPLES
产于拉迈夫乔登的苹果
112

北欧植物群
NORDIC FLORA
云杉嫩芽、酢浆草花、香车叶草和嫩水青冈叶
113

鲜虾与腌渍海草、景天与食用大黄汁
**FRESH SHRIMP AND PICKLED SEAWEED,
STONECROP AND RHUBARB JUICE**
114（278）

栗子
CHESTNUTS
栗子并非在北欧地区广泛生长。诺玛餐厅中使用的栗子来自私人花园
115

小黄瓜
BABY CUCUMBERS
小黄瓜的口感类似节瓜
116

牛肉塔塔、酢浆草、龙蒿及杜松子
**TARTARE OF BEEF AND WOOD SORREL,
TARRAGON AND JUNIPER**
117（279）

青豆
PEAS
青豆在芦笋季结束之时就会开始
118

茶蒸菠菜
SPINACH STEAMED IN TEA
119（280）

蔬菜田
VEGETABLE FIELD
120（281）

小牛胰腺与蔬菜 、意大利芹泥及海藻
SWEETBREADS AND VEGETABLE STEMS,
PARSLEY AND SEAWEED
121（282）

羊胸肉与瑟伦的综合沙拉
BREAST OF LAMB AND MUSTARD OIL
AND SØREN'S MANY SALADS
122（283）

产自拉迈夫乔登的蔬菜 、沙棘及醋栗
VEGETABLES FROM LAMMEFJORDEN,
SEA BUCKTHORN AND GOOSEBERRIES
123（284）

石莼
SEA LETTUCE
石莼风味淡雅，让人联想到大海的味道。它是生菜的绝好替代
124

丹麦鱿鱼 、青草莓和马鞭草油
DANISH SQUID,
GREEN STRAWBERRIES AND VERBENA OIL
125（285）

酸奶与乳清 、青豆及西芹
YOGHURT AND WHEY,
PEAS AND CELERY
126（286）

水波鸭蛋与生蚝及生 、熟蔬菜
POACHED DUCK EGG AND OYSTERS,
RAW AND COOKED VEGETABLES
127（287）

海白菜
BEACH CABBAGE
长在西兰岛西部沙质海滩的白菜，可在晚春采摘
128

95

紫罗兰
VIOLETS
紫罗兰很甜，香味强烈，容易识别
143

胡萝卜
CARROTS
胡萝卜并不总是橙色的。在诺玛餐厅，我们也使用白色和紫色的胡萝卜
144

杜松子枝
JUNIPER BRANCH
新鲜、成熟的杜松子尝起来甜美、芬芳。我们会用腌渍的方式处理不成
熟的杜松子，就像腌渍刺山柑一样
145

花的甜点
DESSERT OF FLOWERS
146（290）

猪颈肉与蒲草、香堇菜及麦芽
**PORK NECK AND BULRUSHES,
VIOLETS AND MALT**
147（291）

野生黑莓与甜玉米冰激凌
**WILD BLACKBERRIES
AND SWEET CORN ICE CREAM**
148（292）

腌渍蔬菜与熏骨髓
**PICKLED VEGETABLES
AND SMOKED BONE MARROW**
149（293）

甜菜根与食用大黄
BEETROOT AND RHUBARB
150（294）

甜菜根
BEETROOT
诺玛餐厅中使用了多个品种的甜菜根
151

洋葱和蓝莓
ONIONS AND BLUEBERRIES
152（295）

香草吐司与大菱鲆鱼籽
HERB TOAST WITH TURBOT ROE
153（296）

沙棘与甜菜根巧克力棉花糖
SEA BUCKTHORN AND BEETROOT FLØDEBOLLER
154（297）

鱿鱼与腌渍海岸香草、腌渍球茎甘蓝及意大利芹
**SQUID AND MARINATED SEASHORE HERBS,
PICKLED KOHLRABI AND PARSLEY**
155（298）

细香葱花
CHIVE FLOWER
细香葱在晚春会开出大量美丽的紫花
156

来自北西兰岛的克里斯·埃尔博
Chris Elbo from North Zealand
157（350）

鲜味饼干配斯派克熏肉及黑醋栗
**SAVOURY COOKIES WITH SPECK
AND BLACKCURRANTS**
158（299）

甜菜根冰沙与香车叶草慕斯
**BEETROOT GRANITA
AND WOODRUFF MOUSSE**
159（300）

海胆与接骨木果、蔷薇果及醋
**SEA URCHIN AND ELDERBERRIES,
ROSE HIPS AND VINEGAR**
160（301）

浇汁甜菜根与苹果
GLAZED BEETROOT AND APPLES
175（306）

龙虾的红色之妙
RED NUANCES OF LOBSTER
176（307）

浸渍之本
ESSENTIAL PICKLES
177（308）

胡萝卜与酪乳
CARROTS AND BUTTERMILK
178（309）

来自斯默根的鲜虾、冷冻红醋栗汁
FRESH SHRIMP FROM SMÖGEN,
FROZEN RED CURRANT JUICE
179（310）

沙棘
SEA BUCKTHORN
沙棘果非常酸，富含维生素C，味道类似百香果
180

来自哥得兰岛的苏珊·格列夫
Susanne Grefberg from Gotland
181（352）

南瓜与腌鲱鱼、胡桃汁
PUMPKIN AND MARINATED HERRING,
WALNUT JUICE
182（311）

烤羊腱肉与熊葱叶、黄甜菜根及接骨木花
GRILLED LAMB SHANK AND RAMSON LEAVES,
YELLOW BEETROOT AND ELDERFLOWERS
183（312）

岩蟹与海芥菜、鸟蛤啫喱
STONE CRAB AND BEACH MUSTARD,
COCKLE GEL
184（313）

甜菜根与香料籽、红醋栗及露莓
BEETROOT AND AROMATIC SEEDS,
RED GOOSEBERRIES AND DEWBERRIES
185（314）

水萝卜盆栽
RADISHES IN A POT
186（315）

牛肋排肉与玫瑰、麦芽泡芙及甜菜根
SHORT RIB OF BEEF
AND ROSES, MALT PUFFS AND BEETROOT
187（316）

洋葱组合
THE ONION FAMILY
188（317）

焗香草花腌梨、鸭肝及鸭胗
GRILLED PEAR MARINATED IN HERB FLOWERS,
DUCK LIVER AND GIZZARDS
189（318）

甜菜根
BEETROOTS
刚上市的当季嫩甜菜根
190

块根芹与冰岛掌状红皮藻、海藻及蛋黄
CELERIAC AND ICELANDIC MOSS,
SEAWEED AND EGG YOLK
191（319）

蒲公英与旱金莲、海甘蓝籽及黄甜菜根
DANDELION AND NASTURTIUM,
SEAKALE FRUIT AND YELLOW BEETROOTS
192（320）

胡桃
WALNUTS
每年我们都会从克里斯·埃尔博处收购专供诺玛餐厅用的2棵胡桃树上的所有胡桃
196

蒲草
BULRUSHES
首批蒲草嫩芽通常在4月末或5月初出现
197

蜗牛
SNAILS
诺玛餐厅所用的野生蜗牛由罗兰·里特曼亲手捕获
198

干草
HAY
我们用干草熏菜，并将干草灰用作一种食材

199

海胆
SEA URCHINS
诺玛餐厅使用的许多海胆捕捞自冰冷的北极水域，但其实海胆在各大洋都有。海胆季于11月开始，于2月末结束
200

山毛榉果
BEECH NUTS
剥去外皮并经过烘烤的山毛榉果，味道介于松子和榛子之间
201

蜗牛与苔藓
SNAILS AND MOSS
202 （321）

马铃薯片配茴香及巧克力
POTATO CRISPS WITH ANISE AND CHOCOLATE
203 （322）

栗子与胡桃、黑麦面包及芥菜
CHESTNUTS AND WALNUTS, RYE AND CRESS
204 （323）

烟熏骨髓及洋葱、百里香花与小牛胸肉
SMOKED BONE MARROW AND ONION, THYME FLOWERS AND VEAL BREAST
205 （324）

麦芽油
MALT OIL

麦芽油是诺玛餐厅许多菜肴中至关重要的食材

206

麦芽
MALT

诺玛餐厅使用的麦芽来自丹麦的斯科夫李斯特（Skovlyst）酿酒厂

207

舞茸及猪血泥
HEN OF THE WOOD AND BLOOD PURÉE

208（325）

韭葱花苞
LEEK FLOWER HEAD

如果让韭葱开花授粉，韭葱会产出大量种子

209

野生菌菇
WILD MUSHROOMS

可食用的菌菇多达1000多种

210

来自西兰的莫勒
K.S. Møller from Zealand

211（353）

小牛舌与小牛胸、牛尾和牛高汤
VEAL TONGUE AND VEAL BREAST, OXTAIL AND OX BOUILLON

212（326）

蛏子与意大利芹、辣根、青口贝汁
RAZOR CLAMS AND PARSLEY, HORSERADISH MUSSEL JUICE

213（327）

野兔、苹果木片及山毛榉果
HARE, WOOD AND BEECH NUTS

214（328）

越橘与干草奶油
LINGONBERRIES AND HAY CREAM

215（329）

马铃薯、欧当归与乳清
POTATOES, LOVAGE AND WHEY

216（330）

蛏子
RAZOR CLAMS
2007年12月，我们首次在诺玛使用蛏子

217

面包、黄油与脂肪
BREAD, BUTTER AND FAT
218（331）

海胆与冰冻牛奶、黄瓜及莳萝
SEA URCHINS AND FROZEN MILK, CUCUMBER AND DILL
219（332）

鸡皮与黑麦面包、烟熏奶酪及圆鳍鱼鱼籽
CHICKEN SKIN AND RYEBREAD, SMOKED CHEESE AND LUMPFISH ROE
220（333）

烟熏鹌鹑蛋
SMOKED QUAIL EGGS
221（334）

格拉帕伦梨
GRÅPÆREN PEARS
这些丹麦原产的梨与"品质灰"（grise-bonne）梨很接近，它们风味浓郁、口感饱满、多汁。苏珊·格列夫每年为诺玛餐厅提供6~8箱

222

蒸蛋白与桦树酒、野生菌菇
STEAMED EGG WHITE AND BIRCH WINE, WILD MUSHROOMS
223（335）

牛尾与黑啤、苹果及洋姜
OXTAIL AND DARK BEER, APPLE AND JERUSALEM ARTICHOKE
224（336）

根
ROOTS
一捆采自博恩霍姆海岸的植物的根。博恩霍姆是波罗的海上的
一个丹麦小岛
236

灰
ASH
埋在灰中的蛋糕刷
237

奶香大麦与谷物、小麦草及松露
CREAMY BARLEY AND GRAINS,
WHEATGRASS AND TRUFFLE
238（342）

海藻
SEAWEED
诺玛餐厅使用的各种海藻
239

牛奶皮与蒜叶婆罗门参、油菜籽及松露泥
MILK SKIN AND SALSIFY,
RAPESEED AND TRUFFLE PURÉE
240（343）

杜松子果
JUNIPER BERRIES
野生杜松子树在北欧十分常见
241

过熟梨与麦芽油、斯凯尔与野生细香芹
OVER-RIPE PEARS AND MALT OIL,
SKYR AND WILD CHERVIL
242（344）

木
WOOD
餐厅的木质椅子可谓文物，其历史可追溯至1766年
244

勒内·雷哲皮
Réne Redzepi
245

橡木椅子
OAK CHAIRS
诺玛餐厅中使用的椅子由1962年诞生于丹麦的设计品牌制造。它们全部由熏制7小时的橡木制成
246

羊皮
SHEEPSKIN
来诺玛餐厅用餐的客人于铺有北欧动物皮的座位上落座，比如这块冰岛羊皮
247

餐厅内部
RESTAURANT INTERIOR
诺玛餐厅位于哥本哈根滨水区，全天沐浴在自然光下。石、木及铁是餐厅使用的主要装饰材料
248

245

四时之味

勒内·雷哲皮

黄瓜和马鞭草

5根 黄瓜
13克 马鞭草叶
20克 柠檬汁
70克 糖浆（50%的水，50%的糖）
1克 盐
3片 吉利丁片
6克 麦芽糊精
2克 黄原胶

黄瓜雪葩

黄瓜对半切，去籽。将黄瓜肉切成小块，加入新鲜马鞭草叶，用美善品多功能料理机（Thermomix）处理10秒。静置5分钟，用细孔滤网过滤。称出过滤好的550克汁水（余下的备用），再加入柠檬汁、糖浆和盐。吉利丁片用水泡软。加热少量称好的汁水，放入吉利丁片使其熔化。搅入麦芽糊精，接着搅入黄原胶。再将混合物搅入称好的液体里，装在帕可婕（Pacojet）容器中并冷冻。

1根 黄瓜
40克 蛋白
20克 糖
3片 吉利丁片
200克 羊奶酸奶
8克 柠檬汁
80克 双倍奶油或搅打奶油

慕斯

黄瓜切薄片，切除有籽的部分，但需保留黄瓜皮。与剩下的雪葩汁水一起装入真空袋中，真空5分钟[1]。沥去汁水，待用，并用干的厨房纸沥干。将塑料纸切成8厘米×4厘米的长条。将黄瓜片放在塑料纸上，卷起来形成空心圆柱体。以胶带固定，卷紧。将圆柱体垂直放置，便于稍后灌入慕斯。把蛋白和糖搅打至硬性泡发阶段，冷藏保存。吉利丁片用水泡软。加热1/5的羊奶酸奶，并加入吉利丁。拌入剩余的吉利丁，并拌入柠檬汁。奶油打发，拌入酸奶，再拌入蛋白。装入保鲜袋中，灌入黄瓜圆柱体中。冷藏静置。

15克 蛋清粉
130克 水
10克 巴萨米克苹果醋
50克 糖
50克 异麦芽酮糖醇
7.5克 马鞭草干

蛋白霜

把蛋清粉在100克水中溶解，制成蛋白。把剩下的30克水与醋、糖、异麦芽酮糖醇在锅内混合，加热到121℃。烧"焦糖[2]"的时候，把蛋白搅打至软性泡发阶段。"焦糖"完成后，搅入蛋白。加入马鞭草干，不断搅打，直到碗内的混合物冷却。烤箱预热至55℃。把蛋白霜抹在烤盘上，在烤箱内干燥12小时。完成后，把蛋白霜掰成小且不规则的片状。

1根 黄瓜
马鞭草叶

图片参见第46页

装饰

黄瓜削皮，用果球勺挖出黄瓜果肉，与剩下的雪葩汁水一起装入真空袋中，真空4分钟。每人份需要4~5根马鞭草嫩芽，在冰水中洗净。黄瓜球沥水，放在厨房纸上，冷藏。

摆盘

剥去黄瓜圆柱体外缘的塑料纸，每盘放一个。雪葩用帕可婕调理机处理，用汤匙挖出橄榄形的小球，每盘放一个。摆上几个黄瓜球和马鞭草嫩芽，并用蛋白霜片覆盖。

1　书中所有提到"真空xx分钟（小时）"的做法，都是指把汁水和主要食材装入真空袋中，用抽真空机抽掉空气后密封保存的时间。这么做是为了让风味更好地进入食材中。
2　原文caramel一词意为焦糖，制作温度通常为160℃。以121℃熬制无法达到"焦糖"状态，而是达到"硬球（hard ball）"阶段。故本步骤中"焦糖"一词加引号以示区分。

牛肝菌及焖煮松露蛋白霜

100克 蛋白
15克 蛋清粉
1克 盐
2克 巴萨米克苹果醋
80克 来自哥德兰的松露

200克 新鲜牛肝菌边角料
115克 葡萄籽油

2枚 鸡蛋，每枚重55~65克
115克 牛肝菌油

1条 白面包
60克 澄清黄油
盐
80克 新鲜牛肝菌

图片参见第47页

松露蛋白霜

把蛋白和蛋清粉混合搅打制成蛋白霜，加入盐和巴萨米克苹果醋。松露切成末，拌入蛋白霜。挖成不规则的橄榄形小球，并以75℃蒸6分钟。

牛肝菌油

烤箱预热至80℃。把牛肝菌边角料放在金属容器中，浇入葡萄籽油。用保鲜膜包好，在烤箱内烤12小时。用布过滤烤好的牛肝菌油，再倒入小挤瓶中，冷藏保存。

蛋黄油醋汁

鸡蛋在65℃的水中焖煮35分钟，再冷却。取出蛋黄，过筛，再加入牛肝菌油中，制成油醋汁。

装饰

将面包冷冻，冻硬后切4片薄片。烤箱预热至160℃。把冷冻面包片折成不规则的形状，喷上黄油。表面撒盐，入炉烤7~8分钟。用湿毛巾清洁牛肝菌，并在摆盘前用曼陀林削片器切成薄片。

摆盘

在餐盘中央放一颗松露蛋白霜，淋上蛋黄油醋汁。再摆上脆面包片和牛肝菌薄片。

猪五花及猪皮、熊葱叶、芽、根与花

800克 猪五花（侧腹肉）
125克 盐

猪五花

猪五花去骨、去皮，撒盐。腌24小时。将腌好的猪五花洗净后，装入真空袋中，以75℃的水煮12小时。猪五花加热完成后马上冷却，再切成小份。

200克 猪皮
1颗 洋葱
牛奶，用来焯洋葱
1颗 马铃薯
50克 通用面粉
葡萄籽油

猪皮脆

猪皮从冰箱中取出后马上切碎，再放入汤锅或炒锅中，用小火炼油。不停翻炒，直到温度达到130℃。此时，脂肪中的固体应该变脆。过滤，并沥出脂肪。洋葱切块，用牛奶焯1分钟，而后过滤并冷却。洋葱裹面粉，在180℃的葡萄籽油中炸至金黄香脆。马铃薯切片，同样在葡萄籽油中炸脆。冷却后，压成小块。把等量的洋葱、马铃薯和猪皮混合。

200克 熊葱叶
425克 淡鸡高汤

熊葱汁

用淡鸡高汤焯熊葱叶，捞出并冷却。用美善品多功能料理机搅打2分钟，再过滤。

4根 迷你黄瓜

炭烤黄瓜

迷你黄瓜仅烤一面，以防烤过头。

5片 熊葱叶
5根 熊葱嫩芽
24多 熊葱花

装饰

捡出熊葱叶、熊葱嫩芽和熊葱花，过冰水，再沥水。摆盘前，先置于厨房纸上。

图片参见第50页
40克 黄油
15克 菜籽油

摆盘

熊葱汁加热，加入软化的黄油，搅打使其乳化。加入菜籽油稍稍稀释。猪五花双面煎香，并在顶部撒上猪皮脆与洋葱、马铃薯的混合物，与炭烤黄瓜和熊葱汁一起放入餐盘。猪肉四周做零星装饰，然后上桌。

图片参见第50页

新鲜奶酪及云杉嫩芽

500克 全脂牛奶
25克 奶油
10克 酪乳
2克 凝乳酶

新鲜奶酪

全脂牛奶在锅中加热至23℃，并加入奶油、酪乳和凝乳酶。倒入带盖子的可入烤箱的耐高温塑料容器中，并在烤箱中以36℃蒸1小时25分钟，或直到奶酪状如新鲜豆腐。取出奶酪，打开盖子，冷却。

200克 酸模叶
100克 云杉嫩芽
130克 苹果汁

云杉汁

用榨汁机榨取100克酸模叶汁。用美善品多功能料理机将酸模汁、云杉嫩芽和苹果汁全速搅打1分钟，然后用细孔滤网过滤。

50克 面包
黄油，用于炒制
云杉嫩芽
景天果

装饰

面包撕成小块，用少量黄油稍稍炒制，静置冷却。云杉嫩芽用冰水激，静置晾干。

图片参见第51页

摆盘

舀出一小块新鲜奶酪，在厨房纸上沥干。把奶酪摆在盘上，再摆入云杉嫩芽、炒面包干和景天果，然后把云杉汁淋在四周。

花楸果嫩芽与蜂蜜酒、新鲜奶酪及面包干

500克 新鲜有机全脂牛奶
25克 奶油
10克 酪乳
2克 凝乳酶

新鲜奶酪

新鲜有机全脂牛奶在锅中加热至23℃，并加入奶油、酪乳和凝乳酶。倒入带盖子的可入烤箱的耐高温塑料容器中，放入烤箱以36℃蒸1小时25分钟，或直到奶酪状如新鲜豆腐。取出奶酪，打开盖子，冷却。

125克 不太甜的酸性蜂蜜酒
7克 蜂蜜
85克 无盐黄油

蜂蜜酒汁

将蜂蜜酒与蜂蜜在锅中混合后加热，搅入无盐黄油。用手持搅拌器搅打至非常顺滑并产生泡沫。

32株 花楸果嫩芽
2片 白面包片
油

装饰

拣选花楸果嫩芽，用冰水激，静置晾干。摆盘前，在厨房纸上冷却。把白面包片撕成10~15块不规则的小块，并用少量油在锅中炒至香脆。

盐
30克 冷榨菜籽油

图片参见第52页

摆盘

舀出一小块新鲜奶酪，在厨房纸上沥干，撒少许盐调味。把奶酪摆在餐盘上，用花楸果嫩芽和炒面包干覆盖。蜂蜜酒汁稍稍加热，滴入菜籽油，而后将其淋在餐盘上。

牛奶冰和薏仁、水波蛋及甘草

300克 牛奶
17克 糖
40克 转化糖
50克 奶油
12克 即溶食品增稠剂

150克 来自斯卡托夫特莫勒的薏仁
550克 水

500克 水
65克 糖
5克 青茴芹籽
8克 甘草枝，掰成碎片
12克 即溶食品增稠剂
4克 浓缩巴萨米克苹果醋

4枚 有机鸡蛋，每枚重55~65克

图片参见第54页

牛奶冰

牛奶加热，然后取少量与糖和转化糖与牛奶混合，使其溶解。冷却，然后加入奶油和即溶食品增稠剂，充分搅拌，放入帕可婕容器中冷冻。摆盘前，再用搅拌机搅打一下。

薏仁

烤箱预热至160℃，薏仁烤好后取出，放入盛有水的锅中烤35分钟。薏仁放在锅内，在炉灶上煮至液体蒸发。稍稍冲水降温，再放在茶巾上，置于冰箱中晾干。

甘草糖浆

把水、糖、青茴芹籽和甘草枝碎片混合并煮沸，关火，浸泡1小时。过滤出液体，再熬煮液体使之浓缩至原来的一半。用即溶食品增稠剂增稠，并用浓缩巴萨米克苹果醋调味。

水波蛋

把鸡蛋以65℃水熰煮35分钟。

摆盘

将餐盘放入冷冻柜，直到其温度极低。将鸡蛋放入58℃的水浴中回温20分钟。甘草糖浆加热。把牛奶冰和薏仁混合，在冷冻过的餐盘的两侧各抹一汤匙。敲开蛋壳，去除蛋白，将蛋黄放在中央，再在顶部淋上热甘草糖浆。

雪人

70克 沙棘汁
50克 糖
17克 水
1.5克 柠檬酸
4克 巴萨米克苹果醋
35克 蛋白
1.5克 蛋清粉
50克 麦芽糊精

375克 胡萝卜
1.125千克 胡萝卜汁
4克 雪葩稳定剂
1.5克 麦芽糊精
312克 糖浆（50%的水，50%的糖）
52克 柠檬汁
22克 蛋白
3张 吉利丁片

250克 酪乳
250克 酸奶
3片 吉利丁片

60克 糖
25克 水
5克 苹果醋
50克 蛋白
25克 蛋清粉
8克 白葡萄酒醋
50克 麦芽糊精
200克 胡萝卜
35克 胡萝卜汁
柠檬汁
糖霜
25克 胡萝卜，切3毫米小丁

350克 水
75克 糖
375克 羊奶酸奶
225克 牛奶酸奶
10克 柠檬汁

4根 迷你胡萝卜

图片参见第55页

沙棘蛋白霜

加热沙棘汁，直至其浓缩至50克，静置冷却。将糖、水、柠檬酸和巴萨米克苹果醋在锅内混合，加热至121℃做成"焦糖"。搅入蛋白和蛋清粉，再加入"焦糖"，制成意式蛋白霜。将沙棘汁拌入蛋白霜，冷藏保存。舀出蛋白霜球，裹上麦芽糊精，再塑形。

胡萝卜雪葩

胡萝卜去皮，切薄片，在625克胡萝卜汁中煮至酥软，汁水蒸发殆尽。在美善品多功能料理机内搅打至呈泥状，并用纱布过滤。称出375克胡萝卜泥。在少量糖浆内加热雪葩稳定剂和麦芽糊精，再加入柠檬汁和蛋白，混合均匀。用折光仪检测，确保其含糖量为18度，并按需加入额外的水或糖浆。在帕可婕调理机中冷冻并搅拌。

酸奶淋面

混合酪乳和酸奶，以水浴加热。吉利丁片用水泡软，加入少量的酪乳酸奶混合液中。将胡萝卜雪葩舀出球状，放入急冻冰箱中冷冻。用木签（或牙签）串起胡萝卜雪葩球，在塑料碟子上一字排开。将所有的雪葩球在液氮中"浸"10秒，并把酸奶淋液装入喷枪中。把淋液喷在胡萝卜雪葩球表面，并冷冻。上桌前8小时将冷冻雪葩球转入冰箱冷藏。

蛋白霜底液

在锅内将糖、水和苹果醋加热至121℃做成"焦糖"。搅入蛋白和蛋清粉，再加入焦糖和白葡萄酒醋，搅打制成意式蛋白霜。用裱花袋将蛋白霜挤成直径3厘米的球体，并裹上麦芽糊精，最后在72℃的环境中脱水10小时。

胡萝卜泥

胡萝卜去皮，切成薄片，用真空袋密封起来。将真空包装的胡萝卜放入沸水中煮，直至胡萝卜变软，从真空袋中取出，与胡萝卜汁一同放入搅拌器中搅匀。用柠檬汁和糖霜调味，再拌入胡萝卜小丁。

酸奶雪花冰

把水、糖、羊奶酸奶、牛奶酸奶和柠檬汁混合，放入帕可婕食品料理机中制成冰块。将冰块刮成雪花状，并再次冷冻。

摆盘

将餐盘冷藏。在每个餐盘中摆上1汤匙胡萝卜泥。搭建"雪人"，首先加入蛋白霜底液，再将喷过淋面的胡萝卜雪葩摆在上面。在雪葩上摆1颗沙棘蛋白球，再插入1根迷你胡萝卜以模拟"雪人"的鼻子。在餐盘四周撒上酸奶雪花冰。

焦糖与麦芽

65克 糖
200克 奶油
65克 牛奶
80克 蛋黄

焦糖奶油

将45克糖放入锅中加热，直至其开始焦糖化。倒入奶油和牛奶，使其充分溶解锅中的结块，而后加热至80℃。在另一个碗中把剩余的20克糖与蛋黄混合，再将锅内的混合物倒入碗中。烤箱预热至150℃。用手持搅拌器将焦糖混合物搅拌均匀，倒入份数盘，并用双重锅以水浴方式入炉烘烤70分钟。冷却，搅匀，并装入裱花袋中。

83克 糖
185克 奶油
50克 牛奶
9克 奶粉
70克 蛋黄
12.5克 转化糖浆
半片 吉利丁片

焦糖冰激凌

将45克糖放入锅中加热，直至其开始焦糖化，再倒入奶油和牛奶，使其充分溶解锅中的结块，并加热至80℃。在另一个碗中把转化糖浆和剩余的38克糖一起与蛋黄混合，再将锅内的混合物倒入碗中。像制作炖蛋一样煮蛋奶液。吉利丁片用水泡软，在蛋奶液冷却前加入吉利丁。最后将其放在冰激凌机中处理成冰激凌。

125克 糖
250克 奶油
250克 牛奶
7克 奶粉
90克 蛋黄
65克 转化糖浆
2片 吉利丁片

虹吸瓶用焦糖

将糖放入锅中加热，直至其开始焦糖化，再倒入奶油和牛奶，使其充分溶解锅中的结块，并加入奶粉。加热至85℃，将部分混合物边搅拌边倒入蛋黄和转化糖浆内，再全部倒回锅中，像制作炖蛋一样煮蛋奶液。吉利丁片用水泡软，在蛋奶液冷却前加入吉利丁。冷却后，倒入虹吸瓶内，并充入1罐氮气。

第一天
175克 面粉
85克 麦芽酚
50克 榛子粉
25克 糖
75克 啤酒

麦芽"土"

第一天
烤箱预热至90℃。将所有干性食材在碗内混合，并倒入食品料理机。用点动功能搅打，分3次加入啤酒。将混合物在烤盘上铺开，放入烤箱中烘烤3~6小时。干燥后，筛去结块。

第二天
40克 面粉
20克 麦芽酚
50克 榛子粉
4克 细海盐
60克 融化的黄油

第二天
根据第一天的步骤混合食材，先混合干性食材，再分2次加入融化的黄油，用手充分拌匀。确保混合物中没有干燥的结块。

100克 糖
1克 麦芽面粉

麦芽薄脆

烤箱预热至160℃，在烤盘上抹油。把糖和麦芽面粉的混合物加热至155℃，做成干焦糖，并置于硅胶垫上冷却。把干焦糖用美善品多功能料理机处理成细粉末状，并过筛，筛在烤盘上。烤2~4分钟，冷却，再将薄脆掰成小块。

30克 斯凯尔发酵凝乳（skyr）

图片参见第58页

装盘

把要使用的碗放入冷冻库中，使其保持极低温度。搅打冰激凌，装入裱花袋中。用虹吸瓶或裱花袋分别盛装焦糖奶油、焦糖冰激凌和虹吸瓶用焦糖，并在冷冻过的碗中挤出数个小球，再加入斯凯尔发酵凝乳。撒上麦芽"土"，并在顶部插上1片麦芽薄脆。

蒸桦木高汤、鸡油菌和新鲜榛子

200克 小型或中型的鸡油菌
20克 黄油
少量 高汤
盐

1升 鸡高汤
400片 桦木
2.5克 崖柏果
1克 干香车叶草
2.5克 干马鞭草
1克 红茶
4个 蛋白
浓缩白葡萄酒
苹果黑醋

300克 新鲜榛子
2~3颗 新鲜牛肝菌

图片参见第59页

鸡油菌

用小刀刮鸡油菌底部进行清理。将其快速浸入水中，将多余的泥土洗净——但不要在水里泡太久，不然会吸收太多水分。在炒锅内加热黄油，直到黄油冒泡，并快速翻炒鸡油菌几秒钟，直到鸡油菌熟透但仍然成形。加入几汤匙高汤并淋在鸡油菌上。用盐调味，并在装盘前先在厨房纸上将鸡油菌沥干。

高汤

烤箱预热至90℃。将鸡高汤和桦木片放在深口份数盘中，用保鲜膜包好，放入烤箱烤12小时。烤好之后将崖柏果、干香车叶草、马鞭草和红茶加入热高汤中，浸泡5分钟。过滤，浓缩至原来的⅓，静置冷却。稍稍把蛋白打散，加入高汤，慢慢加热以澄清高汤。用纱布过滤高汤，并用浓缩白葡萄酒和苹果黑醋调味。

榛子和牛肝菌

榛子敲碎外壳，并将榛子仁的棕色外皮搓去。上桌前，用削片机将榛子削成薄片。用湿布搓净牛肝菌底部，并把表面擦净。确保牛肝菌上没有任何泥土，再削成薄片。

摆盘

加热高汤，将所有的鸡油菌放在深碗的底部。鸡油菌上铺榛子片和牛肝菌片，最后淋上高汤。

芦笋、蒲草和鸭蛋

4颗 鸭蛋

水波鸭蛋

将鸭蛋以65℃的水浴煨煮36分钟，然后放入冰水中冷却。

4股 蒲草
4根 白芦笋
40克 水
100克 黄油

蒲草和芦笋

蒲草根部需要刨去外皮，只留中心娇嫩的部分。白芦笋削皮，芦笋头斜切，在离根部约3厘米处停止。芦笋剩下的中段部分，以每人5小段计算。每小段约1厘米长。将水加热，并将黄油全部搅入，使其乳化。

125毫升 红醋栗酒
85克 无盐黄油
5克 香车叶草叶
50克 菠菜叶

香车叶草酱

加热红醋栗酒，无盐黄油切成小块。边用手持搅拌器搅拌红醋栗酒，边拌入黄油，制成酱汁。香车叶草叶和菠菜叶需洗净、甩干，再与酱汁一起在美善品多功能料理机中搅拌均匀。

16股 山毛榉嫩芽
12股 啤酒花嫩芽
2条 夏巴塔或同类面包
融化的黄油
盐

图片参见第62页

装饰

将山毛榉嫩芽和啤酒花嫩芽用水冲洗，并用厨房纸擦干，待用。面包先冷冻几小时，等面包解冻到一半时，竖着切成2份，再切成小的圆面包片，大约直径2厘米。烤箱预热到160℃，把面包片平铺在烤盘上，抹上足够的黄油，并撒上盐。烤6分钟，旋转烤盘，再烤6分钟。上桌前，面包要保温。

摆盘

芦笋头在黄油汁中煮35秒，再加入芦笋段，煮15秒。沥干黄油，并用盐调味。以同样的方法烹调蒲草，并用盐调味。鸭蛋加热至58℃，敲开，取出蛋黄。每个餐盘中央摆1颗蛋黄，并将蒲草和芦笋摆在周围。加热酱汁，但不能烧开，最后与面包块和嫩芽装饰一起装盘、上桌。

丹麦泡芙和苹果黑醋蛋白霜

15克 糖
32克 水
15克 巴萨米克苹果醋
50克 蛋白

苹果黑醋蛋白霜

把糖、巴萨米克苹果醋和水在大锅中加热至121℃，制成糖浆。在碗中把蛋白搅打至湿性发泡阶段。边搅打边缓慢将糖浆倒入蛋白中，制成意大利蛋白霜。持续搅打，直到碗变凉。将蛋白霜装入裱花袋，裱制成直径约25毫米的蛋白霜。在烘干机中以55℃烘干12小时。

85克 蛋黄
125克 奶油
125克 tipo "00" 面粉
65克 融化的黄油
1克 肉豆蔻粉
2.5克 盐
150 蛋白

丹麦泡芙

将蛋黄和奶油混合并搅匀，最后搅入面粉，制成面糊。把融化的黄油冷却至室温，加入面糊，再加入肉豆蔻粉和盐。把蛋白搅打至硬性泡发，再拌入面糊。将面糊放入丹麦泡芙专用锅中烹制，烧到一半的时候，加入少量蛋白霜。不断翻面并填入更多面糊，直到泡芙变得浑圆，同时面糊烧熟。此外，还要确保松软外皮下的蛋白霜是脆的。

40克 麦芽糊精
12克 冻干白葡萄酒醋粉
7克 盐

白葡萄酒醋粉

将麦芽糊精、冻干白葡萄酒醋粉和盐混合均匀，制成醋粉。

图片参见第63页

摆盘

泡芙烧熟后，趁热滚上醋粉。拍去多余的醋粉，并摆盘。

丹麦泡芙是一道丹麦传统甜点，以类似法国煎饼的面糊制成，并在特殊的泡芙烤盘内做成小球状。这道甜点自17世纪即被视为丹麦的名点。

白醋栗与黄瓜汁啫喱、欧洲没药及榛子奶

2根 新鲜的黄瓜
盐
柠檬汁，依口味添加
6片 吉利丁片

黄瓜汁啫喱

黄瓜榨汁，用滤网过滤，并加入盐和柠檬汁。称出300毫升黄瓜汁，同时将吉利丁片用水泡软。温热少量的黄瓜汁，将吉利丁浸入其中使之溶化，再与剩下的黄瓜汁混合，倒入直径4厘米的圆形弧顶模具中。

300克 焯水并剥皮的榛子仁
300克 水
盐

榛子奶

把榛子仁和水在美善品多功能料理机中混合搅打1分钟，再浸泡24小时。用超厚滤袋过滤，制成顺滑的榛子奶。用盐调味。

8~10股 白醋栗枝
12瓣 欧洲没药嫩芽

浆果和装饰

把白醋栗枝掰成小段，用水清洗。将欧洲没药嫩芽用冰水激，并甩干。摆盘前，放在厨房纸上保存。

冷榨菜籽油

图片参见第64页

摆盘

把餐盘放在冰箱中使其冷却。将黄瓜汁啫喱脱模，在摆盘前恢复室温。每个冷餐盘上放一块黄瓜啫喱，并在其周围摆上浆果和装饰。淋上榛子奶，再点缀些菜籽油，上桌。

马铃薯片与酸奶

4颗 莱特（ratte）马铃薯
油，用于油炸
盐

125克 酪乳
125克 酸奶
3克 吉利丁

图片参见第65页

马铃薯脆片

　　用日式蔬菜削片器将马铃薯削薄片，用油炸制。将炸熟的马铃薯片放在吸油纸上沥干，并用盐调味。浸入液氮，直至冻透。

酸奶淋面

　　酪乳与酸奶混合，以水浴加热至50℃。吉利丁浸入水中软化，放入少量酪乳与酸奶的混合物中，持续加热，直到吉利丁熔解，再与剩余的酸奶混合物混合均匀。把淋面装入喷枪，趁马铃薯片退冰前喷在其表面。持续冷冻保存，直到摆盘前5分钟方可拿出解冻。

皮特亚产的云莓、焦香蛋白霜与香草茶

100克 水
2克 雪葩稳定剂
42克 葡萄糖
56克 糖
500克 云莓泥
1颗 橙子，榨汁

3.5克 果胶
30克 蔗糖
1千克 水
8克 干蓝莓叶
5克 干黑醋栗叶
1.2克 干薄荷
1.2克 干薯草
2克 干香车叶草
4.5克 伯爵茶叶

145克 糖
65克 水
100克 蛋白
12克 巴萨米克苹果醋

图片参见第66页

云莓雪葩

把水、雪葩稳定剂、葡萄糖和糖加热。冷却后，拌入云莓泥和橙汁。用帕可婕调理机冷冻。

香草茶冰霜

果胶与少量蔗糖混合，再加入少量水煮沸。加热剩余的水，将沸水倒入干蓝莓叶、干黑醋栗叶、干薄荷、干香草、干香车叶草、伯爵茶叶和剩余的蔗糖的混合物中。4分钟后，过滤，冷却，并与果胶和糖的混合物混合。等到完全冷却后，装入平整的容器中，冷冻。冻硬后，用餐叉把冰刨成霜状。

焦香蛋白霜

把糖和水加热至121℃，制成"焦糖"。把蛋白搅打至湿性泡发阶段，边搅打边缓缓加入"焦糖"，制成意大利蛋白霜。加入巴萨米克苹果醋并混合，最后装入裱花袋中。

摆盘

将餐盘放入冰箱，使其保持冷却。雪葩用帕可婕调理机处理后，装入含有1.5厘米口径花嘴的裱花袋。挤成长约2厘米的长条状。把雪葩条放入冰箱冷冻。把蛋白霜在冷餐盘上挤成小点，用火枪把顶部喷焦。每个餐盘上摆7~8条雪葩，并在顶部零星撒上冰霜。

新鲜鲭鱼及烤黄瓜

2条 极其新鲜的小鲭鱼

鲭鱼

　　鲭鱼去皮，去骨，各取2片鱼柳，总共4片。

2条 大黄瓜
500克 水
30克 巴萨米克苹果醋
50克 连枝的莳萝
4根 迷你黄瓜

黄瓜

　　大黄瓜去皮，切成约8毫米厚的片，再修成完美的圆形。把水、巴萨米克苹果醋和莳萝搅拌均匀，并过滤。将过滤后的汁水与黄瓜一同用真空袋真空封装10分钟。汁水待用。在烧烤架上烤迷你黄瓜，只烤一面即可。

15克 玉米淀粉
90克 牛奶
500克 酪乳
75克 辣根，磨碎
柠檬汁
盐

辣根雪冰

　　把玉米淀粉与牛奶混合，煮沸，搅拌，直到混合物质地变厚变稠，再冷却10分钟。加入酪乳和辣根并混合均匀，泡12小时。12小时后，过滤，并用柠檬汁和盐调味。在帕可婕容器中冷冻。冷冻好后，用帕可婕调理机处理10~15秒。雪状的冰霜会呈现在辣根混合物的表面。刨下雪冰，并重复刚才的步骤，直到获得8~10汤匙的雪冰。冷冻保存。

24片 旱金莲叶

装饰

　　拣选旱金莲叶，保留尽可能长的茎部。用冰水激一下，并在厨房纸上晾干。

20克 莳萝油
盐

图片参见第72页

摆盘

　　每个冷餐盘上放1片鱼柳，并把黄瓜片摆在周围，一旁再摆放1片烤迷你黄瓜和几片旱金莲叶。将几滴莳萝油滴入待用的黄瓜汁中，并在餐盘中舀入辣根雪冰，将黄瓜汁淋在菜肴周围。最后，在鱼柳和雪冰上撒盐。

桦木甜点

50克 异麦芽酮糖醇
50克 糖
50克 水
100克 桦树液
10克 蛋清粉
40克 桦树糖浆

蛋白霜

把异麦芽酮糖醇、糖和水在大锅中混合，加热至121℃，制成"焦糖"。把桦树液和蛋清粉混合，搅打至蓬松、颜色变淡。"焦糖"制成后，加入蛋清粉混合物，持续搅拌。再加入桦树糖浆，并继续搅拌，直到蛋白霜冷却。烤箱预热至60℃。把蛋白霜抹在烤盘上，烤12小时。

200克 刨下的桦木片
500克 桦树液

桦木汤

把桦木片和桦树液煮沸，静置6小时。过滤出汤汁，并浓缩至原来的一半。

2片 吉利丁片
500克 桦木汤
30克 葡萄糖
2.5克 麦芽糊精
40克 糖
15克 柠檬汁
1.5片 吉利丁片
20克 蜂蜜
200克 酸性蜂蜜酒
1.5克 新鲜马鞭草

桦木雪葩

吉利丁片用水泡软。把桦木汤、葡萄糖、麦芽糊精和糖在大锅中混合，煮沸。加入吉利丁片和柠檬汁，并在帕可婕容器中冷却。

蜂蜜酒啫喱

吉利丁片用水泡软。把蜂蜜和蜂蜜酒在锅中煮沸。加入马鞭草和吉利丁，浸泡30分钟。过滤掉马鞭草，再倒入碗中，冷却。

12根 野细叶芹嫩叶

野细叶芹

拣选野细叶芹嫩叶，用冰水激几分钟。甩干，冷藏保存，摆盘前取出。

图片参见73页

摆盘

将餐盘放入冷冻柜中，使其温度极低。把啫喱掰成小而不规则的块，放3汤匙在冷冻过的餐盘上。把雪葩放入帕可婕调理机中处理，完成后向每个餐盘中舀入3汤匙雪葩。蛋白霜掰开，摆在啫喱和雪葩上，最后再点缀野细叶芹叶片。

大菱鲆裙边及鱼脸颊、芦笋与马鞭草

1条 大菱鲆的裙边和鱼脸颊
45克 盐
125克 水
200克 黄油，切块

大菱鲆

　　把盐撒在大菱鲆的裙边和鱼脸颊上，腌制24小时。将水放入锅中加热，再放入黄油，使其熔化。把汤汁煮沸，离火，倒在鱼肉上。腌3~4分钟，挑出小而肥厚的肉，去骨，去皮。

50克 菠菜
5克 马鞭草叶
125毫升 红醋栗酒
15克 蜂蜜
85克 无盐黄油，切块
菠菜

马鞭草汁

　　菠菜和马鞭草叶洗净，甩干。红醋栗酒和蜂蜜在锅中加热，并使用手持搅拌器缓缓拌入无盐黄油。酱汁冷却后，加入菠菜和马鞭草，用美善品多功能料理机搅打，制成马鞭草汁。冰镇保存，以确保其颜色和风味不变。

4根 茎部较粗的白芦笋

芦笋

　　白芦笋削皮，切取10厘米的芦笋上部。芦笋头削薄片，并用足够多的冰水激10分钟，过滤，再在厨房纸上沥干。把剩下的芦笋中段切成小段，芦笋底部弃用。芦笋段用水焯1分钟。

黄油汁
小马鞭草叶

图片参见第78页

摆盘

　　加热4个碗。稍稍加热马鞭草汁，并将腌好的鱼肉放入碗中。芦笋段用黄油汁加热，放置于鱼肉一旁。把热好的马鞭草汁倒在温热的碗里，再摆上芦笋段和生芦笋片。用小马鞭草叶装饰。

冬卷心菜及冬生蚝

12个 产自拉迈夫乔登的丹麦生蚝

生蚝

用生蚝刀小心地敲开生蚝，去壳。汁水过滤后，生蚝用汁水浸润，再将汁水滤出，并稍稍加热。用温热的汁水将蚝肉煮几秒，使其肉质变硬。

100克 水
250克 黄油
5克 干草，切末

烟熏黄油汁

用中等大小的锅加热水，黄油切块，搅入水中，使其熔化。用烟熏枪或手持烟熏器熏干草，用锅聚拢熏烟，并盖上锅盖。熏几分钟，直到烟全部消失。重复几次，直到黄油汁中有带明显的烟熏味。

1棵 白卷心菜

碟形白卷心菜

烤箱预热至100℃。白卷心菜切细丝，但要保持基本的形状。将白卷心菜丝叠4层，每层中间用烘焙纸（油纸）分隔，每层都刷上烟熏黄油汁。4层一起用真空包装袋真空封装，并在烤箱中蒸10分钟。

1棵 绿卷心菜
1棵 恐龙羽衣甘蓝[1]
1棵 野甘蓝
1棵 牛心甘蓝

多种菜叶

每盘需要1片修过形的绿卷心菜叶，需要保留少许茎。1片恐龙羽衣甘蓝叶片，顶部保留少许嫩叶。用模具将一大片野甘蓝叶刻成直径约为4厘米的圆片。每份需要1片修过形的牛心甘蓝叶片，一直修到茎部，并剥去外层较硬的叶子。所有的菜叶冲洗后，于摆盘前冷藏保存。

4大片 野甘蓝叶
半瓣 大蒜
8股 百里香
350克 白卷心菜
糖渍水果

卷心菜卷

用盐水焯野甘蓝叶，再用冰水激。在厨房纸上晾干。大蒜、红葱头和百里香切碎后，用少量油炒香。白卷心菜切细丝，入锅，小火煎，直到呈焦糖色。将炒好的菜放入细孔滤网中冷却，沥出所有汤汁，再加入1汤匙烟熏黄油汁。野甘蓝叶摊开，确保其完全晾干。加入几汤匙糖渍水果，卷紧，修边。

105克 嫩菠菜
10克 马鞭草叶
250克 红醋栗酒
85克 无盐黄油

马鞭草酱

清洗马鞭草叶和嫩菠菜，在厨房纸上晾干。在锅中加热红醋栗酒，黄油切块，入锅，用手持搅拌器混合。冷却后，加入菠菜和马鞭草，并用美善品多功能料理机搅打。

图片参见第80页

摆盘

温热烟熏黄油汁，在各种卷心菜叶片上滴上酱汁。加热碟形白卷心菜的表面，放在餐盘上。确保不同种类卷心菜的根都煮至柔软，但叶片仍然有口感。把不同的卷心菜和蚝肉一起摆在餐盘上。摆上卷心菜卷。马鞭草酱稍稍加热，倒入餐盘内。

---

1 黑色的意大利产甘蓝，外形宛如羽衣甘蓝。

267

蓝壳青口贝及当归配小牛胸肉

200克 小牛胸肉
油，用于油炸

1千克 青口贝
少许 醋
18克 当归叶
150克 菜籽油，另备额外的用来炒
柠檬汁
盐

图片参见第81页

牛肉丝

小牛胸肉用真空包装袋封装，以80℃的水浴煮制10小时，再按照其天然的纹路撕开。肉在温热时更容易撕开。放入160℃的油中炸制，再在厨房纸上沥干。

青口贝汁

洗掉青口贝的沙，在加入少量醋的水中浸泡约1小时。用盐水焯10秒钟，去壳。1千克带壳的青口贝可取约100克青口贝肉。用少量油在极热的锅中稍稍炒制贝肉，然后冷却。当归稍稍切碎（保留少许当归叶，用于装饰），并与青口贝肉一同放在美善品多功能料理机中搅打，边搅打边缓缓加入菜籽油，油加入时应缓慢如细流，如同制作蛋黄酱一样。用柠檬汁调味，并过滤。灌入裱花袋中，低温保存。

摆盘

将依纹路撕开的小牛胸肉丝揉成球状，每份1颗，再把裱花嘴伸入肉丝球的中心，灌入青口贝汁。在待用的当归叶中选出较小的撒在牛肉球上。撒盐，并上桌。

熟韭葱及焦糖猪高汤脆、灰泥与榛子泥

10根 韭葱

韭葱

切下韭葱葱绿，待用。葱白用盐水煮9分钟。冷却后，切掉外层，仅保留中心约1厘米粗的芯。每段韭葱纵向对半切开。

45克 莳萝油

灰泥

韭葱葱绿洗净，晾干，在烤架上烤干，使之完全烧焦成灰。将灰过筛，称出45克，并与莳萝油混合。

125克 榛子仁

榛子泥

烤箱预热至160℃。榛子仁在烤箱中烤20分钟。趁温热将其搅打成细腻的泥状。

140克 酸奶
20克 红醋栗酒

酸奶酱

取少量酸奶与红醋栗酒混合均匀，再拌入剩余的酸奶。

2.5千克 猪肋骨，切成小块
1颗 洋葱
半颗 苹果
2根 西芹
5股 百里香

图片参见第82页

焦糖猪高汤脆

烤箱预热至230℃。猪肋骨烤30分钟，直到焦香。洋葱去皮，与苹果一起放入烤箱烤制，温度降低至80℃。把猪肋骨、洋葱、苹果、西芹和百里香在份数盘中混合，加水淹没。份数盘加盖，在烤箱中烤10小时。将液体过滤，浓缩至如晶冻高汤般。烤箱预热至70℃。把高汤冻均匀涂抹在硅胶垫上，在烤箱中烘干10小时。摆盘前用密封罐保存。

摆盘

取3根切开的韭葱段，切面蘸灰泥，另取2根切开的韭葱段，切面蘸榛子泥。把韭葱段纵向摆在大餐盘上，并在餐盘中央添加适量酸奶酱。将1汤匙焦糖猪高汤脆弄碎，点缀其间。

托帕兹苹果、新鲜榛子及墨角兰

4颗 托帕兹苹果
糖粉
2克 吉利丁片

苹果啫喱和苹果粉末

2颗苹果去皮，在烘干机中烘24小时，打成粉末。2颗苹果切块，用果蔬机榨汁。苹果汁用细孔纱布过滤。用折光仪测量糖度，加入糖粉，直到糖度达到15度。苹果汁称重，每100克果汁用1片吉利丁。吉利丁片用水泡软，用少量果汁使其溶化。冷藏保存。

300克 漂白去皮榛子仁
300克 水

榛子奶

用美善品多功能料理机把榛子仁和水混合搅打1分钟，浸泡24小时。榛子奶用超厚滤袋过滤。

4颗 托帕兹苹果
海盐
10克 葡萄籽油
5克 新鲜墨角兰叶
巴萨米克苹果醋

苹果果酱

烤箱预热至90℃。4颗苹果去皮，用海盐、葡萄籽油和墨角兰叶揉搓表面。放在烤盘中，用铝箔包好，烤1小时。用汤匙把果肉从苹果芯上刮下来，但不要过度搅拌。如果需要的话，用盐和多余的巴萨米克苹果醋调味，以调整酸度。此果酱应于摆盘前完成，并保持室温。如果冷却，则会丧失风味。

2颗 托帕兹苹果
巴萨米克苹果醋，陈年9年

图片参见第83页

摆盘

剩下的2颗苹果去皮，用曼陀林削片器切成薄片，再刻成直径约2厘米的圆形。将苹果啫喱掰碎，在餐盘中央放1汤匙苹果啫喱和苹果酱。把苹果粉末撒在顶部，以果酱为中心，把苹果片叠放在外缘。在苹果片周围淋1汤匙榛子奶，再在餐盘上滴几滴陈年巴萨米克苹果醋。

生蚝及麦芽油、苹果及西米奶油

250克 水
15克 巴萨米克苹果醋
25克 莳萝根
4颗 托帕兹苹果

腌苹果

把水、巴萨米克苹果醋和莳萝根混合，制成腌料。用美善品多功能料理机搅打2分钟，再过滤。苹果去皮，用曼陀林削片器切成薄片，再用模具刻成直径约2厘米的圆形，将腌料和苹果真空封装，静置10分钟。

40克 麦芽粉
100克 菜籽油

麦芽油

把麦芽粉和菜籽油用美善品多功能料理机混合搅打3~4分钟。装在挤瓶中。

100克 西米
1升 水
50克 奶油
20克 全脂牛奶

西米奶油

用流动水清洗西米，再与1升水一同放在大锅中，煮沸。煮约10分钟，而后用冷水冲洗西米，使其降温。把奶油、牛奶，以及足量的西米混合，混合物质地应类似炖物。

4个 来自拉迈夫乔登恩的丹麦生蚝

图片参见第84页

生蚝

用生蚝刀小心地打开生蚝，从壳上取下蚝肉。用水焯10秒钟，使肉质变紧致。摆盘前，把每个生蚝切成3片。

摆盘

每个餐盘上放3块蚝肉，把苹果片摆在周围。西米奶油淋在生蚝周围，晃匀装有麦芽油的挤瓶，淋少许在西米奶油上。

麝牛肉及新鲜嫩大蒜、牛奶皮及焦糖蒜苗

400克 麝牛里脊
菜籽油，用来煎
45克 鸡晶冻高汤

麝牛

把麝牛里脊切成每份100克。用保鲜膜包紧，在58℃的水浴中煮10~12分钟。将肉表面擦干，在极热的锅中用菜籽油煎。加入鸡晶冻高汤并淋在牛里脊上。

1千克 全脂牛奶
50克 奶油
30克 牛奶蛋白
4颗 新鲜当季大蒜头
盐

牛奶皮

烤箱预热至200℃。把全脂牛奶、奶油和牛奶蛋白在锅中混合，加热至约70℃。撇去少量零散的牛奶皮。待表面结成硬质牛奶皮，用双手提起，在烘焙纸（油纸）上晾干。重复上述步骤，做出8~10张完整的牛奶皮。大蒜在烤箱烤20分钟，挤出软软的蒜米，搅烂并用盐调味，制成大蒜泥。

90克 鸡晶冻高汤
巴萨米克苹果醋

酱汁

加热鸡晶冻高汤，并用巴萨米克苹果醋调味。

24片 葱芥

装饰

拣选葱芥叶片，用冰水激一下，并在厨房纸上晾干，待用。

12根 蒜苗
菜籽油，用来刷蒜苗表面

焦香蒜苗

摆盘之前，用菜籽油涂刷蒜苗表面，在排炉上烤至中心变软，外部焦香。

20克 棕色黄油
5克 红葱头末
2克 意大利芹末
5克 熊葱果

图片参见第96页

摆盘

在预热过的烤箱内或铁板上将牛奶皮烘烤2分钟，抹上大蒜泥，再卷成雪茄形。每个盘子上摆2根卷好的牛奶皮，并把焦香蒜苗摆在周围。旁边再摆上麝牛里脊，并用香草点缀其间。把棕色黄油、红葱头末、意大利芹末和熊葱果放入酱汁中。淋在盘子上，并上桌。

鸭胸、鸭舌、鸭心、旱金莲与水田芥

1片 鸭胸
35克 澄清黄油
500克 水
35克 盐
4根 鸭舌
125克 淡色鸭高汤
2股 百里香

鸭

在鸭胸的皮上划斜刀，在无脂肪的一面涂抹澄清黄油，无需完整覆盖，冷藏6~7天。水和盐混合，制成腌料，把鸭舌放入腌料中，一同装入真空袋腌制24小时。取出后冲洗掉盐分，把鸭舌、鸭高汤和百里香混合，以80℃蒸12小时。趁热剥去鸭舌上的薄膜，并置入鸭高汤中冷却。

140克 精选水田芥
20克 水
30克 巴萨米克苹果醋
6克 第戎芥末
220克 葡萄籽油

水田芥酱汁

把水田芥、水、巴萨米克苹果醋和第戎芥末在美善品多功能料理机中混合，于搅拌开始时迅速加入葡萄籽油。用细孔纱布过滤，摆盘前始终保持冰镇。按需加入巴萨米克苹果醋，提升酸味。

5捆 百里香（焯水后可得42克）
一小捆意大利芹（焯水可得12克）
55克 葡萄籽油

香草油

百里香带根焯水4~5分钟，直至其非常柔软。浸入冰水中冷却，去根。沥干水分，叶子待用，用超厚滤袋把剩余的水完全滤出，置于厨房纸上晾干。拣选意大利芹叶，焯水至质地柔软，同百里香一样，晾干。把葡萄籽油和2种香草在美善品多功能料理机中以60℃全速搅打12分钟。冷却，泡24小时。用细孔纱布过滤，用重物压数小时，使水分析出，存放在小挤瓶中。

2颗 熟透的"格拉帕伦"（Gråpære）梨
4根 小韭葱
盐

梨和韭葱

梨去皮，竖着切成厚片，去芯，单面炭烤即可，每盘需要一片烤梨。烤完后，依口味抹上香草油和盐。在盐水中将韭葱焯2分钟，而后放入冰水中冷却。单面炭烤韭葱，同梨一样，抹上香草油和盐。

32片 旱金莲叶

装饰

拣选旱金莲叶片，在冰水中激一下，并用沙拉脱水机甩干。摆盘前，保持干燥低温。

黄油，用于炒制
2颗 鸭心
35克 鸭晶冻高汤
15克 棕色黄油
5克 红葱头末
5克 熊葱花蕾

图片参见第102页

摆盘

鸭胸带皮的一面朝下放在冷煎锅中，用小火慢慢煎，直到鸭皮非常脆，此时加入1块黄油。用熔化的黄油淋鸭胸，再翻面煎几秒，切开之前，须静置8分钟。用黄油将鸭心炒几秒钟，再加入鸭晶冻高汤。用几汤匙棕色黄油加热鸭舌，加入红葱头末和熊葱花蕾。把烤梨和韭葱摆在餐盘上，并把鸭心对半切开。将各类鸭肉摆在餐盘上。在不煮沸的情况下加热水田芥酱汁，淋在餐盘上，最后用旱金莲叶片点缀。

大菱鲆与早春香草

1千克 水
1千克 通用面粉
600克 盐
1棵 较大的有机块根芹根，去皮

1千克 去皮并切小条的块根芹
菜籽油，用于炒制
240克 奶油
40克 棕色黄油
60克 水
盐

140克 经过拣选的水田芥
20克 水
30克 巴萨米克苹果醋
6克 第戎芥末
220克 葡萄籽油

8根 大型熊葱，带根
20克 水
100克 黄油
0根 小型熊葱嫩芽
4株 黄花九轮草嫩芽及花

1条 体型较小的大菱鲆，约1千克
菜籽油，用于煎制
黄油
百里香

60克 水
50克 黄油

图片参见第104页

烤块根芹

烤箱预热至220℃。把水、面粉和盐混合成面团，擀平，块根芹根放入烤盘，用面饼完全覆盖。入炉烤10分钟，将烤箱温度降低至160℃，再烤35分钟。取出烤好的块根芹根，冷却，用苹果去芯机切成长圆柱形。

块根芹泥

用菜籽油煎块根芹条的一面，直到稍稍上色，沥掉多余的油，冷却，并真空包装。把真空袋放在装有少量沸水的锅中，煮35分钟，直到块根芹质地变得非常软。与此同时，把奶油浓缩至原重量的⅓。把煮好的块根芹切块，与其余的食材一同搅打至顺滑，用盐调味，并用细孔纱布过滤。

水田芥酱汁

把水田芥、水、巴萨米克苹果醋和第戎芥末放入美善品多功能料理机中搅打，于启动时迅速加入菜籽油。用细孔纱布过滤，摆盘前始终冰镇。按需添加黑醋，以提升酸味。

装饰

将熊葱的根和叶切开。将水加热，搅入黄油，制成酱汁。拣选熊葱嫩芽、黄花九轮草嫩芽及花，尽可能多保留茎。

大菱鲆

用锋利的尖头刀把大菱鲆的肉从骨上剔下，去皮，把鱼切分成每份约50克。在热锅中用菜籽油单面煎鱼，加入一块黄油和百里香并收汁，不时把锅中的油汁淋在鱼肉上。切莫把鱼煎过头。

摆盘

将水加热，搅入黄油，制成黄油汁。沿对角线将半汤匙块根芹泥抹在餐盘上。用黄油汁加热烤熟的块根芹，出锅时加入熊葱根。稍稍加热水田芥酱汁。把大菱鲆与烤块根芹、熊葱根、熊葱嫩芽、黄花九轮草嫩芽及花摆在餐盘上，并淋上热的水田芥酱汁。

水波蛋配水萝卜

4枚 有机鸡蛋，每枚55~65克重

水波蛋

把鸡蛋以65℃的水浴煴煮35分钟。

50克 石莼
45克 醋
90克 水

腌渍石莼

彻底清洗石莼，以清除沙子。混合水和醋，将石莼于其中浸泡1小时。把腌制好的石莼放在烘焙纸（原色纸）上，确保石莼完全盖住烘焙纸。把烘焙纸连同覆盖其上的石莼剪成直径13厘米的圆形。

2颗 长型黑色水萝卜
2颗 长型红色水萝卜
3颗 白色水萝卜
2颗 黄色水萝卜

水萝卜

4种水萝卜清洗，搓净，并削成8毫米厚的片。稍稍用盐水焯过，再在冰水中冷却。

125毫升 红醋栗酒
15克 蜂蜜
85克 无盐黄油，切块
50克 菠菜
5克 马鞭草叶

马鞭草汁

把红醋栗酒和蜂蜜在锅中加热，并使用手持搅拌器缓缓拌入小块的无盐黄油。菠菜和马鞭草叶洗净，甩干。酱汁冷却后，加入菠菜和马鞭草，用美善品多功能料理机搅打，制成马鞭草汁。

40克 黄油
40克 水

图片参见第107页

摆盘

把鸡蛋以58℃的水浴加热，敲开，取出蛋黄。把蛋黄放在每个餐盘中央。水加热，把黄油切成小块，搅入水中，制成黄油汁。加热马鞭草汁。水萝卜片环绕蛋黄摆好，每片之间淋上少许酱汁。用热铁板或平底锅加热烘焙纸上的石莼，再用石莼覆盖菜肴。

小牛胰与海藻、欧白鱼鱼籽及海岸香草

8株 海马齿嫩芽
16株 海芥菜嫩芽

300~400克 小牛胰
25克 黄油

200克 新鲜掌状红皮藻
50克 石莼
150克 白葡萄酒醋
300克 水

100克 白葡萄酒
60克 黄油
60克 产自瑞典卡利克斯（Kalix）的欧白鱼鱼籽

图片参见第108页

海岸香草

拣选海马齿和海芥菜的嫩芽，用冰水激，甩干。置于厨房纸上晾干，并在摆盘前始终保持低温。

小牛胰

切掉小牛胰多余的脂肪和经脉，并把胰脏切成4份。胰脏最平的部分朝下，在锅中用中火干煎6~7分钟。直至与锅接触的一面变得非常脆。锅中加入黄油，等到黄油冒泡，把黄油淋在朝上的一面上。胰脏翻面，煎30秒。在厨房纸上静置2分钟，再摆盘。

海藻

把掌状红皮藻洗净，去除沙子。把石莼在白葡萄酒醋和水的混合物中稍稍腌制。摆盘前，在锅中将水烧开，将海藻放入沸水中焯2秒钟。

酱汁

白葡萄酒在锅中加热，浓缩至原来的⅓，再趁热搅入黄油。摆盘前，加入欧白鱼鱼籽。

摆盘

小牛胰摆在餐盘中央，把温热的海藻摆在周围。将欧白鱼鱼籽酱汁淋在小牛胰上，再把海岸香草点缀在顶部。

鳎鱼及青草莓、海白菜与新马铃薯

2条 鳎鱼

鳎鱼柳

鳎鱼去皮、取肉排，分成4等份。

8颗 青草莓
12株 旱金莲叶

青草莓与旱金莲

青草莓去头，用曼陀林削片器将草莓切成薄片。摆盘前，先让草莓片保持重叠。拣选旱金莲叶，用冰水激一下，再甩干。旱金莲叶直到摆盘前都应置于厨房纸上，保持低温干燥。

20个 小型新马铃薯
粗盐，用于搓洗
125克 水
200克 黄油，切块
2株 欧当归
12棵 海白菜茎

新马铃薯与海白菜

用粗盐揉搓新马铃薯表皮，以去除表皮的泥土。水加热，搅入黄油，制成黄油汁，再加入欧当归。摆盘前，把马铃薯在黄油汁中煮到半熟，保持稍稍弹牙的口感。冲洗海白菜茎，并于起锅前1分钟将其与马铃薯一同加入温热的黄油汁中。

90克 鸡晶冻高汤
巴萨米克苹果醋

酱汁

加热鸡晶冻高汤，按需加入巴萨米克苹果醋以提升酸味。

植物油，用于煎制
1块 黄油
20克 棕色黄油
5克 红葱头末
2克 意大利芹叶
5克 熊葱花蕾

图片参见第111页

摆盘

在极热的锅中倒少量植物油，鳎鱼柳内侧朝下，煎几分钟。最后加入1块黄油，并用黄油汁淋几次鱼柳表面。将煎好的鱼柳置于厨房纸上沥干，于摆盘前静置1分钟。将鱼柳摆在每个餐盘中央，把马铃薯和海白菜摆在周围。加入草莓片和旱金莲叶。快速加热酱汁，在起锅前加入棕色黄油、红葱头末、意大利芹叶和熊葱花蕾，最后将调好的酱汁淋在餐盘上。

鲜虾与腌渍海草、景天与食用大黄汁

20只 深水虾

生虾

小心去除虾壳，从虾尾向虾头方向剥。把剥好的虾整齐地摆在盘子上，冰镇。

500克 石莼
450克 醋
900克 水

石莼

彻底清洗石莼，以清除沙子。混合水和醋，放入石莼浸泡1小时。把腌制好的石莼放在烘焙纸上，将其展平。将石莼连同烘焙纸一起用剪刀剪成直径13厘米的圆形。

1根 食用大黄
50克 糖浆（50%水，50%糖）
葡萄籽油
盐

食用大黄片

修整食用大黄、去皮，切成小片。把食用大黄片和糖浆在真空袋中真空封装6分钟，再沥干汁液。加入少量葡萄籽油，并在摆盘前用盐调味。

110克 食用大黄汁
80克 甜菜头汁
50克 巴萨米克苹果醋
50克 糖浆

食用大黄汁

把食用大黄汁、甜菜头汁、巴萨米克苹果醋和糖浆混合，再过滤。

16株 景天叶
24株 海马齿叶
24株 海芥菜叶

香草

拣选景天、海马齿、海芥菜的叶子，用冰水激，再甩干。摆盘前始终冷藏保存。

图片参见第114页

摆盘

尽量到临近摆盘时再取出生虾。调味，再用1片腌好的石莼覆盖。加入食用大黄片、3种香草叶片、最后再淋上少量食用大黄汁。

牛肉塔塔、酢浆草、龙蒿及杜松子

250克 牛里脊

塔塔

牛里脊修去经络，再用大而利的刀纵向刮出肉碎。肉碎应稍有口感，不要剁，也不要刮得太细。刮下的肉碎揉成小正方体，每个正方体为一份。

125克 龙蒿（2~3捆）
一小颗 红葱头
1瓣 大蒜
35克 巴萨米克苹果醋
50克 鸡晶冻高汤
150克 菜籽油
4克 即溶食品增稠剂
8克 杜松子
3克 葛缕子籽

龙蒿酱汁

从茎上拣下龙蒿叶，小心地把叶子洗净。红葱头和大蒜去皮，切碎。把所有食材在美善品多功能料理机的主锅中搅打均匀，再加入巴萨米克苹果醋和鸡晶冻高汤。启动机器，边搅打边滴入菜籽油，再将搅打均匀的酱汁过滤。加入即溶食品增稠剂，冷藏待用。

杜松子粉

把杜松子和葛缕子籽在锅中干炒出香味，并打成粗粉状。

一小根 辣根
一小棵 红葱头
40克 酢浆草
10克 黑麦面包，捏碎
少许黄油

装饰

辣根去皮，用刀削出长而薄的片。红葱头切成薄片，每盘使用2~3个小红葱头圈。从酢浆草上拣出叶子，用冰水激一下，使其变脆，甩干，摆盘前冷藏保存。用1块黄油炒黑麦面包碎，直到其金黄香脆。

盐
芥末油

图片参见第117页

摆盘

将塔塔摆在餐盘上，用盐和芥末油调味。加入6~7片辣根片和适量炒香的黑麦面包碎，最后再在塔塔上铺满酢浆草叶片。在塔塔的一侧撒上杜松子粉，并在餐盘上抹上满满一匙龙蒿草酱汁。上桌时，由于品尝本菜无须使用餐具，因此需奉上热的湿毛巾。

茶蒸菠菜

250克 黄油
100克 水
2.5克 干香车叶草
2.5克 干马鞭草
1克 红茶叶

120克 菠菜嫩叶
8克 欧当归叶
8克 意大利芹叶
盐和胡椒

4根 意大利芹

20片 莳萝叶
20片 藜叶
20股 细叶芹
2片 白面包
黄油，用于炒制盐

125克 陈年1年的西博滕干酪
250克 水
1克 盐

图片参见第119页

红茶汁

从冰箱中取出黄油，在室温下回温。将水煮沸，搅入黄油，制成黄油汁。用黄油汁浸泡干的香车叶草、马鞭草和红茶叶，再过滤出汤汁。

菠菜及香草

菠菜嫩叶、欧当归叶和意大利芹叶洗净，去除所有泥土。全部摘除茎部，只留叶片。欧当归叶和意大利芹叶放入4汤匙的红茶汁中蒸1分钟，而后加入菠菜嫩叶和另外1匙红茶汁，再蒸20秒，并调味。把混合物填入直径约80毫米的环形模具中，模具须放在铺有烘焙纸的小烤盘上。

意大利芹

剥去意大利芹所有带有纤维的外皮。再纵向切成小块。

用于装饰的香草和面包

拣选莳萝叶和藜叶，并从茎上摘下细叶芹叶子，把这些叶片在冰水中激一下，并过滤。在厨房纸上沥干。把面包撕成小块，用黄油在锅中炒。炒脆后，用盐调味。

西博滕干酪酱

西博滕干酪（Västerbotten）切成小块，和剩余食材一起用美善品多功能料理机以60℃搅打5分钟。

摆盘

把意大利芹块在红茶汁中煮1分钟。稍稍加热已塑形的菠菜和香草圆饼，在每个餐盘上摆一个圆饼，再铺上意大利芹块、面包块和用于装饰的香草。把温热的红茶汁用手持搅拌器打出泡沫，并把泡沫舀在餐盘上。

蔬菜田

蔬菜品种可依季节变换
4根 橙色胡萝卜
4根 黄色胡萝卜
4根 白萝卜
各4根 黑色、绿色和红色水萝卜
4根 嫩韭葱
1个 嫩块根芹根
1个 洋姜
4个 嫩意大利芹根（香芹根）
60克 水
50克 黄油

80克 去皮马铃薯
5克 黄油
15克 奶油
25克 水

第一天
175克 面粉
85克 麦芽酚
50克 榛子粉
25克 糖
75克 拉格啤酒

第二天
40克 面粉
20克 麦芽酚
50克 榛子粉
4克 细海盐
60克 液态黄油

2克 新鲜榨取的辣根汁
12片 从胡萝卜顶部摘下的叶片
4片 从意大利芹根顶部摘下的叶片

图片参见第120页

蔬菜

　　2种胡萝卜去皮，保留顶部约1厘米长的部分（稍后使用），其余部分纵向切开，与顶部分开放。4种萝卜和韭葱擦净，同胡萝卜一样切开。块根芹根和洋姜去皮，逐个切成小份。切掉意大利芹根的顶部，其余部分用水清洗，并对半切开。把所有蔬菜在盐水中焯至酥软。将水加热，并搅入黄油，制成黄油汁。

马铃薯泥

　　马铃薯煮熟，用餐叉捣碎成泥状。趁马铃薯泥温热的时候，加入剩余食材，搅拌均匀。

麦芽"土"

第一天
　　烤箱预热至90℃。将所有干性食材在碗内混合，并倒入食品料理机。用点动功能搅打，分3次加入拉格啤酒，混合均匀。将混合物在烤盘上铺开，在烤箱中烘干3~6小时。干燥后，筛去厚结块。

第二天
　　在碗中混合全部干性食材，再放入食品料理机中，用点动功能分2次加入液态黄油，而后用手充分拌匀。确保混合物中没有干燥的结块。

摆盘

　　把蔬菜放入黄油汁中加热。用另一口锅加热马铃薯泥，用少许辣根汁调味。取一小匙马铃薯泥在石头上抹开，并把蔬菜摆在上面，模拟蔬菜从土中萌出的形态。把麦芽"土"撒在蔬菜顶部和四周。2种叶片清洗后晾干，再摆在蔬菜上。

小牛胰与蔬菜、意大利芹泥及海藻

300克 小牛胰脏
20克 盐
5颗 杜松子
1股 百里香
2片 月桂叶
120克 鸭油

小牛胰

去除小牛胰脏上的经脉，把盐和杜松子、百里香、月桂叶撒在表面，放入冰箱腌制24小时。腌好后刮去调味料，与鸭油一同真空封装，以100℃蒸9分钟。放入冰水中冷却，取出后切成每份50克。

400克 意大利芹
盐

意大利芹泥

意大利芹洗净，从茎上摘下叶子，叶片焯水2~3分钟，直到其变软。沥干并挤掉水分，再把意大利芹放入帕可婕容器中冷冻。而后将冷冻好的意大利芹用帕可婕调理机处理2次，用布过滤，并用盐调味制成意大利芹泥。

1棵 花椰菜
1根 西芹
1捆 水田芥
4根 韭葱根（用于采籽的已开花的韭葱根）
4根 胡萝卜（用于采籽的已开花的胡萝卜）
65克 石莼
45克 掌状红皮藻
50克 白葡萄酒醋
100克 水
125毫升 红醋栗酒
15克 蜂蜜
85克 无盐黄油

蔬菜和海藻

花椰菜掰开，削去外层的硬皮。用相同的手法处理西芹，并切成9厘米的长条。水田芥摘掉叶片仅留根部，叶子待用（用于其他菜品）。韭葱根和胡萝卜去皮，用刀尖剥去外层。花椰菜和西芹蒸3分钟，韭葱及胡萝卜蒸1分钟。把石莼和掌状红皮藻外部的盐洗去，再把石莼浸入水和白葡萄酒醋的混合物中，浅渍片刻。

红醋栗汁

红醋栗酒和蜂蜜一起加热，搅入黄油，再用手持搅拌器将混合物打至顺滑。

15克 鸡晶冻高汤
少许黄油
盐和胡椒

图片参见第121页

摆盘

小牛胰脏最平的一面朝下煎4~5分钟，直到变得非常脆。加入1汤匙鸡晶冻高汤并淋在小牛胰脏上。用少许黄油将蔬菜复热，再在最后时刻加入水田芥根。加热意大利芹泥，点少量在餐盘中央。蔬菜滤掉腌渍汁，用盐和胡椒调味，摆在意大利芹泥周围。加入海藻，摆上小牛胰，最后再用红醋栗汁点缀。

羊胸肉与瑟伦的综合沙拉

140克 盐
2千克 水
一小片 羊胸肉（大约1.5千克）

羊胸肉

盐和水混合制成腌料。小心翼翼地为羊胸肉去骨，尽可能不要把肉切掉。把肉和腌料放入真空包装袋，真空封装24小时。24小时后，洗去肉中的盐分，再真空封装一次。以63℃的水浴煮24小时，而后冷却。冷却后，切成2个小长方体（每份约35~40克）。

2棵 带根罗马生菜
4片 芥菜叶
8片 芝麻菜叶
8片 水田芥叶
4大片 红叶菊苣
1棵 花椰菜

沙拉

剥去罗马生菜外缘的部分，用刀切掉根部，再将根部对半切开。生菜根放入盐水中焯2分钟，再用冰水冷却。把全部5种菜叶浸泡在冰水中，以洗净所有的泥土。切下花椰菜的茎部，花球部分待用（用于其他菜品）。花椰菜茎削去外皮。根据大小不同，花椰菜茎需蒸1~2分钟不等。

225克 罗马生菜叶
1枚 鸡蛋
9克 鸡晶冻高汤
¼瓣 大蒜
50克 葡萄籽油
4克 即溶食品增稠剂

沙拉汁

罗马生菜叶洗净，焯至变软并冷却。鸡蛋煮7分钟，敲开后，取出流心的蛋黄。加热鸡晶冻高汤，使其稍稍变软。把菜叶、蛋黄、大蒜和鸡晶冻高汤混合，搅打均匀。搅入葡萄籽油，制成沙拉酱。过滤，再加入即溶食品增稠剂。

90克 浓缩羊晶冻高汤
巴萨米克苹果醋

酱汁

把羊晶冻高汤和巴萨米克苹果醋一起加热，制成酱汁。

45克 鸡晶冻高汤
黄油，用于煎制
盐
20克 冷榨菜籽油
5克 红葱头末
2克 意大利芹末
5克 熊葱果

图片参见第122页

摆盘

羊胸肉带皮的一面朝下，用黄油煎至金黄香脆，再加入鸡晶冻高汤并淋在羊胸肉上。在温热的锅中稍稍把沙拉所用的罗马生菜根部炒热，并把温热的黄油淋在沙拉叶上使其变暖。在少量水和黄油中加热花椰菜茎部。羊胸肉摆在餐盘上，淋上一些沙拉汁。沥去沙拉中多余的黄油，并用盐调味，摆在餐盘中。把生菜根、花椰菜茎和5种菜叶环绕羊胸肉摆在餐盘上，上桌时淋上菜籽油，并撒上红葱头末、意大利芹末和熊葱果。

产自拉迈夫乔登的蔬菜、沙棘及醋栗

500克 全脂牛奶
25克 奶油
10克 酪乳
2克 凝乳酶

新鲜奶酪

牛奶在锅中加热至23℃，并加入剩余食材，混合均匀。将混合物倒入带盖子的可入烤箱的塑料容器中，并在烤箱中以36℃加热1小时25分钟，或直到奶酪状如新鲜豆腐。打开盖子，冷却。

4根 橙色迷你胡萝卜
4根 白色胡萝卜
2颗 迷你块根芹
4根 嫩韭葱
一大片 瑞士甜菜叶
一小颗 球茎茴香
2颗 迷你牛心甘蓝
80克 水，另备盐水用于焯蔬菜
125克 黄油

蔬菜

全部蔬菜削皮，顶部切除。绿色蔬菜留少许顶端的叶片，并把其他蔬菜对半切开，使其可以立在餐盘上。所有蔬菜根据其形状大小，在盐水中焯1~3分钟不等。水放入锅中加热，搅入黄油，制成煮油叶。

1根 藜菜
1棵 球茎茴香的上部
4朵 韭葱花

香草

拣选藜菜叶，与球茎茴香一同用冰水激一下，甩干并冷藏。切勿清洗韭葱的花朵，否则花会萎蔫——将其直接摘下放在容器中。

100克 鸡晶冻高汤
35克 棕色黄油
5克 红葱头
2克 意大利芹
巴萨米克苹果醋

棕色黄油汁

加热鸡晶冻高汤，加入棕色黄油，但不要使其乳化。红葱头和意大利芹切碎。用巴萨米克苹果醋调味。

28颗 沙棘果
20颗 绿醋栗

摆盘

从容器中舀出1勺新鲜奶酪，在厨房纸上沥干。在黄油汁中加热蔬菜。把2种浆果放在细孔滤网中，再把蔬菜铺在上面过滤，用加热过蔬菜并滤出的黄油汁加热浆果。奶酪摆在餐盘上，蔬菜立在一边。用藜菜、球茎茴香和浆果点缀。加热棕色黄油汁，淋在奶酪上，并把韭葱花插在顶部。

图片参见第123页

丹麦鱿鱼、青草莓和马鞭草油

1条 丹麦鱿鱼

鱿鱼

将鱿鱼的头部切掉。把鱿鱼身体切开,两面都用刀刮净。冷冻鱿鱼,冻硬后,先切成6厘米×3厘米的等份。而后将每份切成小块,再把每一份的小块聚起来,围成小的长方体。

240克 新鲜马鞭草
60克 新鲜意大利芹
180克 葡萄籽油
45克 奶油
25克 牛奶

马鞭草油及奶油

从茎上摘下马鞭草和意大利芹的叶子,用水焯至软。用超厚滤袋滤去多余水分,在厨房纸上沥干。待表面完全干燥,称重,并加入等量的葡萄籽油。在美善品多功能料理机中以60℃全速搅打12分钟。冷却后,再泡24小时。用细孔纱布过滤,并用重物压几小时。混合奶油和牛奶,冷藏保存,直到摆盘。

175克 青草莓
糖霜

青草莓冰沙

草莓应尚未变红,但熟度要够,这样压榨的时候才会有汁水流出。草莓去蒂,用水清洗。用蔬菜榨汁机榨汁,并过滤。用折光仪测量含糖量,按需加水或糖霜,直到糖度达到17度。倒入金属容器,冷冻。冷冻后,用餐叉把冰刨成冰沙,并冷冻保存,直到摆盘。

1捆 莳萝
1盆 龙蒿
4颗 青草莓
25克 黑麦面包,搓碎
黄油,用于炒制

香草及装饰

拣选莳萝和龙蒿,用冰水激一下,并晾干。青草莓去蒂,在水中洗净。用曼陀林削片器把青草莓削成薄片。用黄油在锅中炒黑麦面包碎,直到其金黄香脆。

盐

摆盘

餐盘放入冰箱,使其变冷。在餐盘中央放一小份鱿鱼。撒上盐及黑麦面包脆。摆上龙蒿和莳萝,将马鞭草油与牛奶及奶油混合,再淋在餐盘上。摆上青草莓片,并用青草莓冰沙点缀。

图片参见第125页

酸奶与乳清、青豆及西芹

250克 双倍奶油或搅打奶油
50克 蛋黄
40克 糖
200克 酸奶
1克 盐

酸奶冻糕

稍稍打发奶油，保持低温。蛋黄和糖混合后打发，拌入酸奶和盐，拌入打发的奶油，再倒入冷冻容器中，高度约为2厘米，冷冻。冷冻成形后，把冻糕切成边长5厘米的正方形，再冷冻。

25克 糖浆（50%水，50%糖）
150克 水
10克 柠檬汁

调味糖浆

把糖浆、水和柠檬汁混合，保持低温。

1根 西芹
50克 甜而嫩的青豆
50克 荷兰豆
12株 豌豆苗
12~16片 薄荷叶
12~16片 野生细叶芹叶

蔬菜

西芹切成小片，稍稍用沸盐水焯一下。青豆及荷兰豆如法炮制。拣选豌豆苗、薄荷叶和野生细叶芹叶，用冰水激。将所有蔬菜与调味糖浆一同真空封装，腌12分钟。晾干，于摆盘前保持低温。

55克 薄荷枝
55克 葡萄籽油

薄荷油

从薄荷枝上摘下薄荷叶，焯水至软。用超厚滤袋把所有的水滤干。在厨房纸上晾几小时，再用美善品多功能料理机以60℃全速搅打12分钟。冷却后，泡24小时。用细孔滤网过滤，需用重物压几小时。

500克 酸奶

乳清

酸奶用纱布包裹，悬挂在一个大碗上方，静置24小时，使固体部分与乳清分离。

图片参见第126页

摆盘

餐盘放入冰柜冷冻，保持温度极低。把酸奶冻糕摆在餐盘中央，并把所有的蔬菜摆在上面。将乳清与薄荷油混合，淋在冻糕上。

水波鸭蛋与生蚝及生、熟蔬菜

4枚 鸭蛋

鸭蛋

把鸭蛋在65℃的水浴中煮36分钟，再用冰水降温。

当季蔬菜

生、熟蔬菜

本食谱尽可能多地选择了当季蔬菜，包含生、熟两种。在处理熟制蔬菜时，切分方式及尺寸都应十分讲究，这样才能给客人提供多元的用餐体验。总的来说，我们会尽量保持蔬菜最天然的状态，保证每块蔬菜刚好适口，但又不能太小，以至于无法识别种类。蔬菜的选择实际上取决于哪些蔬菜是本日最佳，且必须由厨师做出判断。生蔬菜必须切成小而薄的爽脆小片。

4颗 来自拉迈夫乔登（Lammefjord）的丹麦生蚝
50克 烟熏培根，切成小块
1颗 红葱头，切碎
柠檬汁
5克 莳萝

生蚝酱

生蚝酱只能在临摆盘前制作。打开生蚝壳，每只切成5~6块，生蚝汁待用。在锅中稍稍把培根炒香，加入红葱头碎，炒至变软。加入一半的生蚝汁，最后才加入生蚝肉。用少许柠檬汁调味，确保生蚝汁仅微微加热。莳萝切碎，加入酱汁中，制成生蚝酱。把剩下的生蚝汁灌入喷雾器中，于摆盘时喷在鸭蛋上。

片状海盐

摆盘

温热鸭蛋，从蛋白中取出蛋黄，并把蛋黄摆在餐盘中央。喷上生蚝汁，蛋白弃用。把生、熟蔬菜摆在蛋黄周围，在所有蔬菜上撒盐，并把生蚝酱淋在蛋黄上。

图片参见第127页

龙虾及沙拉叶、红醋栗酒及玫瑰

2只活龙虾，每只大约600克重
125克 水
100克 黄油

龙虾

用利刀沿龙虾头部中线，一刀切穿直至案板。取下虾头和虾尾，并掰下两只虾钳。将虾钳的关节掰断，用于稍后制作酱汁。把虾尾中的黄取出，虾尾焯水30秒，并用冰水冷却。小一点的虾钳焯水1分20秒，稍大一点的虾钳焯水1分30秒。将虾钳放入冰水中冷却。用手或榔头把虾壳弄碎，去壳，但虾钳中的软骨须保留。用镊子去除虾尾黑而细的肠线。水加热，搅入小块黄油，用手持搅拌器搅拌，使其乳化，制成黄油汁。

95克 奶油
80克 龙虾高汤
25克 新鲜蛋黄
20克 龙虾黄
6克 即溶食品增稠剂

龙虾奶油

把35克奶油和龙虾高汤在锅内煮沸。用剩余的60克奶油煮龙虾黄，不时搅拌，直至其变成亮红色，过滤并冷却。把蛋黄搅入龙虾黄中，并倒入奶油和龙虾高汤，不时搅拌。在美善品多功能料理机中以80℃搅打5分钟，并在最后几分钟加入即溶食品增稠剂。用纱布把奶油过滤入容器中，将容器坐在冰中，以达到轻盈、顺滑的口感。

2棵 带根罗马生菜

沙拉根及叶

摘掉罗马生菜外部的叶子，弃用。用刀切下生菜根。把根部外层硬的部分切掉，并在盐水中焯2分钟，而后放入冰水中冷却。保留几片小叶子，剩下的叶片可另作他用。

125毫升 红醋栗酒
15克 蜂蜜
85克 无盐黄油，切块

红醋栗酱汁

加热红醋栗酒和蜂蜜，并搅入黄油。用手持搅拌器把酱汁打至顺滑。

16片 玫瑰花瓣，用巴萨米克苹果醋腌渍

装饰

把玫瑰花瓣摆在厨房纸上，稍稍晾干。

油，用于煎制
黄油，用于煎制
百里香枝

图片参见134页

摆盘

把黄油汁加热至55℃，加入龙虾钳，焖至软骨能够轻松拔出。把龙虾用油在煎锅中以中火煎约30秒，再加入1块黄油和百里香。用锅中的油反复淋龙虾几秒，然后离火。龙虾静置20秒，再竖着对半切开。两半龙虾都淋上黄油汁，并在厨房纸上沥干。餐盘上抹2汤匙龙虾奶油，再把虾尾和虾钳摆在餐盘上。用黄油汁把沙拉叶温热几秒，再用热锅炒生菜根。把菜叶和菜根摆在餐盘上，并把腌制的玫瑰花瓣环绕龙虾摆放。红醋栗酱汁加热，并用手持搅拌器打出泡沫，舀在餐盘上。

生长于自然的蓝莓

450克 糖
60克 葡萄糖
625克 水
50克 蓝莓果泥
200克 蓝莓
50克 云杉嫩芽
3.5克 吉利丁片

蓝莓雪葩

把糖、葡萄糖和水在锅中混合，烧成糖浆，再冷却。加入蓝莓果泥、新鲜蓝莓和云杉嫩芽，打至顺滑并过滤。加热极少量的蓝莓混合物。吉利丁片用水泡软，放入加热后的蓝莓混合物中溶解，并加入剩余的蓝莓混合物。倒入帕可婕容器中，并放入冰箱冷藏。

38克 糖
60克 转化糖
120克 蛋黄
150克 奶油
435克 全脂牛奶
20克 奶粉
2克 吉利丁
125克 云杉嫩芽

云杉冰激凌

把糖、转化糖和蛋黄搅匀。在锅中混合奶油、牛奶和奶粉，加热至80℃，倒入蛋黄混合物中搅拌均匀，再倒回锅中烹煮，不断搅拌，制成蛋奶液。吉利丁浸入水中软化，倒入蛋奶液中，并冷却。冷却后，搅入云杉嫩芽，并过滤。

145克 糖
525克 水
425克 云杉嫩芽
440克 酸模
黄原胶

云杉冰沙

把糖和水混合，制成糖浆。冷却后，搅入云杉嫩芽和酸模，再用细孔滤网过滤。称出实际重量，所需黄原胶的量为总重量的0.1%。把黄原胶撒在少量液体中，搅打至其被液体完全吸收。将两部分液体混合，倒入较深的容器中，冷冻。冷冻后，用餐叉刨成冰沙。

450克 全脂牛奶
40克 干酵母
1千克 tipo "00" 面粉
17克 盐
1枚 鸡蛋
35克 糖
150克 软化的黄油

香脆布里欧修

把牛奶加热至室温，并把酵母溶于其中。加入面粉、盐、鸡蛋和糖，揉成光滑的面团。揉面过程中加入黄油，并让面团醒发1小时。击出面团中的空气，再次醒发1小时。面包模具内壁抹油，把面团移至模具中，再次醒发。烤箱预热至180℃，烘烤约25分钟。冷却后，切成棱长1厘米的正方体。

10捆 百里香（焯水后约85克）
一小捆 意大利芹（焯水后约25克）
110克 葡萄籽油

百里香油

百里香带茎焯水4~5分钟，直至其变得非常软。用冰水激，再从茎上摘下百里香叶。沥干水分，留下百里香叶，并用超厚滤袋挤出水分，静置晾干。摘下意大利芹叶，焯水至其变软。干燥方式同百里香叶。把葡萄籽油和香草在美善品多功能料理机中以60℃搅打12分钟。冷却后，泡24小时。用细孔纱布过滤，用重物压几小时，将析出的液体灌入挤瓶。

28片 酢浆草叶
8股 欧石南叶
黄油，用来炒

图片参见第136页

摆盘

摆盘前，把餐盘放入冰箱，使其温度极低。拣选酢浆草叶和欧石南叶，用冰水激，并晾干。用黄油炒布里欧修面包块至金黄香脆，置于厨房纸上冷却。用帕可婕调理机处理云杉冰激凌，塑成多颗直径为25毫米的球体，并在每个餐盘上放3颗蓝莓雪葩和2颗云杉冰激凌球。把3块布里欧修面包块摆在周围，用2.5汤匙云杉冰沙盖住菜肴，并淋上百里香油。把酢浆草叶和欧石南叶点缀在顶部。

花的甜点

130克 双倍奶油或搅打奶油
80克 蛋白
4克 吉利丁
75克 接骨木花利口酒
16克 糖
200克 斯凯尔发酵凝乳

75克 盐渍蔷薇果
50克 糖
45克 水
3克 蛋清粉
3克 吉利丁
1克 盐

22克 糖
75克 水
1滴 紫罗兰香精

19克 糖
125克 水
2克 百里香
0.25克 洋菜
5克 即溶食品增稠剂

1片 吉利丁片
300克 水
170克 糖
42克 葡萄糖
290克 斯凯尔发酵凝乳
25克 柠檬汁

当季花朵

图片参见第146页

接骨木花慕斯

在两个碗中分别把奶油和蛋白打发。吉利丁浸入水中软化，取少量利口酒和糖，混合并加热后，放入吉利丁使其熔化。把利口酒和吉利丁的混合物搅入斯凯尔发酵凝乳，再拌入打发的奶油和蛋白，制成慕斯。把塑胶片切成约8厘米×4厘米的长方形，并卷成圆筒。把慕斯灌入其中，并冷冻。

蔷薇果蛋白霜

搅打盐渍蔷薇果，制成果浆。把糖和水在锅中烧至121℃，制成"焦糖"。稍稍搅打蛋清粉，再缓缓倒入温热的焦糖，搅拌均匀，制成意大利式蛋白霜。吉利丁浸入水中软化，在蛋白霜变冷之前加入其中。加入蔷薇果浆和盐，并把蛋白霜在烤盘上挤成小点。在55℃的烘干箱中干燥12小时。

紫罗兰糖浆

糖与水混合煮沸，并冷却。滴入紫罗兰香精，并倒入挤瓶中。

百里香液态啫喱

糖与水在锅中煮沸后制成糖浆，再冷却。百里香焯水，并用冰水激。把糖浆与百里香以全速搅打1分钟，并过滤。在液体中搅入洋菜，而后煮沸。冷却后，用手持搅拌器拌入即溶食品增稠剂。

斯凯尔雪葩

吉利丁片在水中泡软。把水、糖和葡萄糖加热，并加入沥干的吉利丁片。拌入斯凯尔发酵凝乳和柠檬汁，制成雪葩，并放入帕可婕容器中。

装饰

将所有的花从茎上摘下，摘取花瓣，放入冰水中浸洗。捞出后用厨房纸把水吸干，并保持干燥。

摆盘

把餐盘放入冷冻柜中，使其温度降至极低。从塑料圆筒中取出冰冻的慕斯，并置于冷餐盘上使其回温至5℃。在餐盘中滴入1滴百里香液态啫喱，并把紫罗兰糖浆淋在周围，再用蔷薇果蛋白霜覆盖。把斯凯尔雪葩用帕可婕调理机处理，再舀成橄榄形，在每个餐盘上舀1勺斯凯尔雪葩，摆在慕斯旁边。

猪颈肉与蒲草、香堇菜及麦芽

450克 猪颈肉
5股 百里香
30克 棕色黄油
40克 鸡晶冻高汤

猪肉

　　猪颈肉去皮，并剔除多余的脂肪。百里香洗净，与猪颈肉、棕色黄油和鸡晶冻高汤一同真空封装。将水浴设备预热至58℃，将猪颈肉煮3小时。

8股 蒲草
40克 水
40克 黄油

蒲草

　　蒲草削皮，仅保留多汁的根部的芯。将水加热，搅入黄油，使其乳化，制成黄油汁。

15克 麦芽粉
50克 葡萄籽油

酱汁

　　把葡萄籽油和麦芽粉用美善品多功能料理机搅打3~4分钟。存放在挤瓶中，每次使用前需要摇匀。

60克 新鲜奶油
1滴 紫罗兰香精
10~15朵 野生香堇菜，用于装饰

图片参见第147页

摆盘

　　用厨房纸把猪肉擦干，各面都需烤香，直到肉的中心达到58℃。最后加入鸡晶冻高汤，淋在猪肉各面。把蒲草在锅中与黄油汁一同加热25秒。每盘切1片猪肉，摆在蒲草旁边。要完成酱汁，应稍稍加热奶油，但不要煮沸。加入葡萄籽油与麦芽粉的混合物，以及紫罗兰香精，混合均匀但不要乳化，再将酱汁淋在猪颈肉旁边。用香堇菜装饰，并上桌。

野生黑莓与甜玉米冰激凌

2穗 甜玉米
40克 棕色黄油
300克 全脂牛奶
14克 奶粉
100克 奶油
30克 糖
30克 转化糖
1克 盐
70克 蛋黄
6克 巴萨米克苹果醋

甜玉米冰激凌

用利刀从玉米穗上切下玉米粒，待用。把玉米皮切成小块，并用棕色黄油炒至金黄色。把全脂牛奶、奶粉、奶油、糖、转化糖和盐在锅内混合，煮沸，倒入蛋黄中，然后再回锅。加热，像制作蛋奶液一样不断搅拌，直到液体温度达到83℃，再加入炒香的玉米皮，浸泡24小时。蛋奶液过滤，加入巴萨米克苹果醋，以调整酸味，再在帕可婕容器中冷冻。将平烤盘放入冷冻柜中。用帕可婕调理机处理冰激凌后，把冰激凌灌入装有1.5厘米口径裱花嘴的裱花袋中。将冰激凌在烤盘上挤成长条形，并切成边长1厘米的小块。马上冷冻。

24穗 迷你甜玉米
12颗 新鲜野生黑莓

野生黑莓与甜玉米

将一半量的迷你甜玉米切成约6毫米厚的圆片，剩余的甜玉米穗仅取玉米粒。把黑莓切成约6毫米厚的小片。

100克 熟透的野生黑莓

黑莓汁

将黑莓放入细孔滤网中，榨取其汁液，黑莓籽弃用。

甘草

图片参见第148页

摆盘

在碗内随意摆放6片玉米圆片和6片黑莓片，再把迷你甜玉米粒撒在周围。摆上6个冰激凌块，在最上面摆上少量甘草。用黑莓汁填满空隙即可。

腌渍蔬菜与熏骨髓

250克 水 / 25克 莳萝根
8克 巴萨米克苹果醋

250克 水 / 25克 海藻
30克 巴萨米克苹果醋

125克 水 / 125克 糖
250克 巴萨米克苹果醋
15克 苹果花

400克 水 / 350克 蔷薇果醋

250克 水 / 150克 白葡萄酒醋

腌料

腌渍黄瓜用的莳萝腌料：将水、莳萝根和巴萨米克苹果醋混合，并过滤。

腌渍苤蓝用的海藻腌料：将水、海藻和巴萨米克苹果醋混合，并过滤。

腌渍胡萝卜用的苹果腌料：将水和糖煮沸，冷却。加入巴萨米克苹果醋和苹果花，待用。

腌渍甜菜根用蔷薇果腌料：将水和蔷薇果醋混合，待用。

腌渍花椰菜用的白葡萄酒腌料：将水和白葡萄酒醋混合，待用。

2根 黄瓜
3根 胡萝卜
1颗 苤蓝
一大颗 甜菜根
1颗 花椰菜

腌渍蔬菜

黄瓜、胡萝卜、苤蓝和甜菜根去皮，切成1厘米×9厘米的长方形薄片，每份每种蔬菜需要4~5片。将花椰菜的花球切成小花束，再纵向切成薄片。胡萝卜稍稍焯水。把所有的蔬菜与相应的腌料一同真空封装，腌渍10分钟。把所有蔬菜薄片都卷成小圆筒，待用。每份削4~5片甜菜根片和苤蓝片，切成边长5厘米的正方形，稍稍焯水，把各种蔬菜与相应的腌料一同真空封装，腌渍10分钟。

2.5千克 猪肋骨，切成小块
1棵 洋葱
2根 芹菜
半个 苹果
5股 百里香

烤猪汁

烤箱预热至230℃，猪肋骨入炉烤30分钟，直至表面金黄。洋葱剥掉外皮，芹菜撕掉表皮，放入烤盘中烤。烤箱降温至80℃。把所有食材放入一个深份数盘中，并加水覆盖。份数盘用铝箔包好，烤10小时。过滤出汤汁，并浓缩至原来的一半。

100克 公牛骨髓
200克 水
14克 盐

烟熏骨髓

把骨髓在冰水中浸泡48小时。把水和盐混合，并加热制成卤水，冷却后，把骨髓浸入其中，再泡48小时。将精髓从卤水中取出，放入熏箱，用木片和干草稍稍熏制。用刀将骨髓切成约5毫米厚的圆片。将切剩的骨髓加热熔化后，过滤。

每份20~25片香草，可从下列品种中选择：
菩草
葱芥
柠檬马鞭草
短柄野芝麻
繁缕
龙蒿
野生细叶芹
莳萝
胡萝卜叶及叶柄

香草

拣选所有香草叶，用冰水激，甩干后保持干燥。

摆盘

确保餐盘为室温。将所有腌渍好的蔬菜卷在餐盘中，均匀摆放成圆形，把正方形的蔬菜镶嵌在圆形之间。将香草作为点缀，并稍稍加热骨髓片。在锅中加热烤猪汁，加入少许熔化的骨髓，使其点缀在酱汁中。在餐盘内摆上少许骨髓片，并淋上2汤匙酱汁。

图片参见第149页

甜菜根与食用大黄

130克 糖浆（50%糖 50%水）
1片 吉利丁片
215克 甜菜根汁
8.5克 柠檬汁

50克 蛋白
20克 糖
3片 吉利丁片
40克 酸奶
200克 食用大黄汁，过滤
110克 双倍奶油或搅打奶油

350克 水
75克 糖
450克 羊奶酸奶
125克 牛奶酸奶
7克 柠檬汁

25克 冻干食用大黄粉

图片参见第150页

甜菜根雪葩

加热糖浆。吉利丁片在水中泡软，以少量糖浆混合沥干的吉利丁片，使其溶解。加入甜菜根汁和柠檬汁，混合均匀，并装入帕可婕容器中，放入冷冻柜中。

食用大黄慕斯

把蛋白和糖打发成蛋白霜，并放入冰箱。吉利丁片在水中泡软。加热少量酸奶，放入沥干的吉利丁片，使其溶解。加入剩余的酸奶，并加入食用大黄汁。打发奶油并拌入酸奶混合物中，再拌入蛋白霜。把慕斯灌入方形容器中，放入冰箱使其成形。

酸奶冰霜

水和糖混合后煮沸，而后冷却。把羊奶酸奶、牛奶酸奶，以及柠檬汁混合后，倒入金属容器中。冷冻后用餐叉刨出冰霜，冷冻保存。

摆盘

把餐盘和4个直径约8厘米的环形模具放入冷冻柜中，使其温度降至极低。每份舀1汤匙橄榄形的食用大黄慕斯，并滚上冻干食用大黄粉。把甜菜根雪葩放入帕可婕调理机中处理，并舀成比食用大黄慕斯稍大一些的橄榄形。把两颗"橄榄"摆在冷冻过的餐盘上，再向环形模具内灌入薄薄一层酸奶冰霜，在上桌前小心地取下环形模具，并将圆形酸奶冰霜摆在食用大黄慕斯和甜菜根雪葩旁边。

洋葱和蓝莓

8颗 产自莱斯岛的红葱头
200克 蓝莓汁
110克 巴萨米克苹果醋
90克 蜂蜜
2股 百里香

腌渍红葱头

红葱头去皮，对半切开，并用盐水稍稍焯过。冷却后，一层层剥开。把巴萨米克苹果醋、蓝莓汁、蜂蜜和百里香放入锅中，煮沸后，倒在红葱头上。红葱头至少腌渍1周才能使用。

4颗 白洋葱

洋葱

白洋葱去皮，对半切开，层层剥开。用盐水稍稍焯过。

300克 蓝莓
20克 糖
10克 巴萨米克苹果醋
盐

蓝莓酱

把蓝莓和糖混合后搅碎，加巴萨米克苹果醋，搅拌均匀。将蓝莓混合物真空封装，并在80℃的水浴中煮20分钟。冷却后，过滤，得到醇厚的酱汁。用盐和黑醋调味。

40克 意大利芹
150克 云杉嫩芽
150克 葡萄籽油

云杉嫩芽油

意大利芹焯水，与云杉嫩芽和葡萄籽油一起在美善品多功能料理机中全速搅打8~9分钟。冷却后，泡24小时，再用细孔滤网过滤。

少许黄油
少量云杉嫩芽

图片参见152页

摆盘

用少许黄油加热洋葱，并用少许红葱头腌料加热红葱头。稍稍加热蓝莓酱，淋在餐盘中央。把洋葱和红葱头摆在酱汁周围，最后用云杉嫩芽油和少许云杉嫩芽点缀。

香草吐司与大菱鲆鱼籽

2条 夏巴塔或同类面包
黄油
盐

吐司

面包冷冻几小时。烤箱预热至160℃。趁面包未完全解冻时，纵向对半切开，再将每半边横向切成4片，每片大小约2厘米×10厘米。用铝箔制成5条细而牢固的卷，长度与要用的烤盘相同。以2个铝箔卷底摆在烤盘上，铝箔卷之间留几厘米空隙，再把面包片摆在铝箔卷上。喷上足量的黄油，并撒上盐。再把剩余的3卷铝箔摆在面包上，确保面包能够自然地嵌在铝箔卷之间，塑成波浪形。烤6分钟，烤盘翻面，再烤6分钟。

400克 大菱鲆鱼籽
盐
20克 干草
50克 桦木片
20克 柠檬汁，另多备待用
400克 葡萄籽油
水

大菱鲆鱼籽酱

把盐撒在鱼籽上，腌24小时。小心地在烟熏箱内点燃干草和桦木片，把鱼籽放在带孔烤盘内熏制，再用细孔滤网过滤，冷藏保存。把鱼籽和柠檬汁在碗内混合，并以高速搅打。缓慢加入葡萄籽油，像做蛋黄酱时一样。再用盐和柠檬汁调味，如果需要的话，可加水稀释。灌入挤瓶中，冰镇保存。

60克 麦芽糊精
18克 醋粉
10克 盐

醋粉

把麦芽糊精、醋粉和盐混合，密封保存。

野生细叶芹
细叶芹
芝麻菜花
玫瑰水芥菜
冬水芥菜

鲜花和香草

所有香草拣出嫩叶，用冰水激几分钟。用沙拉脱水器甩干，再以每片吐司配14~15片香草的数量存放在小容器中。

图片参见第153页

摆盘

在每片吐司上挤11点大菱鲆鱼籽酱，并在所有的鱼籽点上点缀鲜花和香草。最后撒上醋粉。

沙棘与甜菜根巧克力棉花糖

140克 甜菜根汁
119克 糖
72克 葡萄糖
15克 蛋清粉

甜菜根蛋白霜

称出95克甜菜根汁，在锅内煮沸，而后冷却。在另一只锅中加热剩余的甜菜根汁、112克糖和全部葡萄糖，直到制成117℃的糖浆。将剩余的糖与蛋清粉一同加入冷却好的甜菜根汁中，边加入糖浆边搅打，制成甜菜根蛋白霜。

4克 果胶
181克 糖
165克 甜菜根汁
40克 葡萄糖
1克 柠檬酸

甜菜根果冻

把果胶与16克糖混合。甜菜根汁和葡萄糖倒入锅中，并与剩下的165克糖混合。加入果胶和糖的混合物，搅拌并加热，直到温度达到106℃，再加入柠檬酸。倒入容器中，冷藏使之凝固，再切成边长2毫米的小片。

120克 通用面粉
4克 麦芽粉
65克 糖
一撮盐
100克 黄油，软化，另多备些用于涂抹烤盘
18克 蛋黄

麦芽饼干

在大碗内将通用面粉、麦芽粉、糖、盐与黄油轻缓地混合均匀。加入蛋黄，用塑料刮板混合成面团。烤箱预热至170℃，用黄油涂抹烤盘内壁。工作台上撒粉，把面团擀开，再切成直径2厘米的圆形。烘焙10分钟。

200克 调温巧克力
20克 粉状可可脂

巧克力淋面

用双重锅把调温巧克力和可可脂加热熔化，持续加热到50℃。调温至27℃，再加热至30℃。如果调温的量比食谱中所需的量大，操作会更容易。

230克 水
145克 糖
85克 葡萄糖
265克 沙棘汁
35克 蛋清粉
2片 吉利丁片

图片参见第154页

沙棘蛋白霜

把65克水、120克糖和所有的葡萄糖在锅中加热至121℃，制成糖浆。在锅内加热沙棘汁，并浓缩至65克，冷却。把剩余的水、糖和蛋清粉在大碗中混合，直到打发至软性泡发阶段。边搅打边加入糖浆，制成意式蛋白霜。吉利丁片用水泡软，趁蛋白霜还热时将吉利丁片溶于其中。最后，加入浓缩后的沙棘汁。

摆盘

麦芽饼干烤好且凉透后，将其摆在带孔的烤盘上，每片之间间隔几厘米。制作甜菜根巧克力棉花糖时，把甜菜果冻拌入甜菜根蛋白霜，灌入裱花袋内，在每块饼干上裱制少许，而后冷藏。沙棘巧克力棉花糖制作步骤相同，使用沙棘蛋白霜且不要拌入甜菜根果冻。冷却后，浇上巧克力淋面，摆盘前始终冷藏。

巧克力棉花糖是非常传统的丹麦甜点，是一种口味极甜的裹有巧克力淋面的蛋白霜。通常在生日和其他庆贺场合食用。

鱿鱼与腌渍海岸香草、腌渍球茎甘蓝及意大利芹

1条 丹麦产鱿鱼

624克 水
75克 巴萨米克苹果醋
65克 石莼
1颗 球茎甘蓝

1捆 意大利芹
葡萄籽油

260克 菠菜

4棵 小型莱特马铃薯
油，用于油炸

严选当季海岸香草
盐

图片参见第155页

鱿鱼

将鱿鱼头身分离。身体切开，用刀刮鱿鱼身内外两面进行清洁。冷冻后，分成每份6厘米×3厘米。将每份切成20个大小相同的小块，再重新组合成6厘米×3厘米的长方形。

腌渍球茎甘蓝

把水、巴萨米克苹果醋和石莼混合，用美善品多功能料理机全速搅打1分钟。液体过滤，制成腌料，待用。把球茎甘蓝切成长条，与腌料一起真空封装，静置10分钟。

意大利芹油

从茎上摘下意大利芹叶，焯水至叶片变软。用超厚滤袋滤出多余的水分，再在厨房纸上沥干。等到完全干燥后，称重。称出等重的葡萄籽油。用美善品多功能料理机以60℃全速搅打12分钟。冷却，再泡24小时。用细孔纱布过滤，用重物压几小时。

菠菜泥

菠菜洗净，焯水2~3分钟直到其变软。把所有的水分挤出，在帕可婕容器中冷冻。用帕可婕调理机处理2次，并用纱布过滤。装入挤瓶内。

马铃薯片

用日式蔬菜削片器把马铃薯削成薄片，用热油炸。摆盘前，在厨房纸上把油沥干。

海岸香草

拣选海岸香草叶片，用冰水激，去除叶片上的昆虫和较硬的茎。

摆盘

把餐盘放入冰箱，使之变冷。在餐盘中央放一小份鱿鱼块，并撒上盐。把球茎甘蓝条卷起，摆在鱿鱼旁边。在餐盘上挤几小滴菠菜泥，并加入海岸香草和少许马铃薯片。将1汤匙腌料和同等重量的意大利芹油混合，淋在餐盘上。

鲜味饼干配斯派克熏肉及黑醋栗

100克 黄油
100克 异麦芽同糖醇
75克 通用面粉
25克 黑麦粉
4克 泡打粉
2克 盐
5克 醋粉
1枚 鸡蛋，打散

饼干

黄油温热至软化。把异麦芽同糖醇磨成细粉，过筛，搅入黄油中。将混合物打发至蓬松变白，再拌入2种面粉、泡打粉、盐和醋粉，最后再加入鸡蛋，混合成面团。面团在冰箱内静置过夜。第二天，把面团在撒过粉的工作台上擀开，擀至3毫米厚，冷冻。烤箱预热至170℃。用直径45毫米的环形模具刻出饼干坯，再烘烤6分钟。冷却，修边，把饼干切成直径42毫米的圆形。

250克 斯派克熏肉

斯派克熏肉

熏肉煮2小时，使肉变得酥软，在平烤盘上冷却，而后放入冰柜冷冻。冷冻后，切成直径40毫米的圆片。把肉块夹在2张烘焙纸之间保存。

2大片 酸模叶
15克 冻干黑醋栗
4株 云杉嫩芽

装饰

酸模叶过水，切成直径约40毫米的圆形，每份1片。把黑醋栗磨成细粉状，在密封罐中保存。

图片参见第158页

摆盘

每一片斯派克熏肉下方垫一片酸模叶，表面撒上黑醋栗粉。将熏肉连同下方垫的酸模叶叠放在饼干上，并用云杉嫩芽点缀。上桌。

甜菜根冰沙与香车叶草慕斯

45克 腌渍玫瑰叶
350克 甜菜根汁
5克 蔷薇果醋
10克糖浆（50%糖，50%水）
15克 柠檬汁

甜菜根冰沙

把玫瑰叶用甜菜根汁泡24小时，再与所有剩余食材在美善品多功能料理机中搅打30秒，并倒入金属容器中冷冻。冷冻后，用餐叉刨成冰沙，冷冻保存直到摆盘。

1片 吉利丁片
50克 蛋白
33克 糖
6克 干香车叶草或12根新鲜的香车叶草
150克 法式酸奶油（乳脂含量18%）
70克 双倍奶油或搅打奶油

香车叶草慕斯

吉利丁片用水泡软。蛋白和糖混合打发。干的香车叶草磨成细粉，而后添加入法式酸奶油中。少量奶油与吉利丁片一同加热，直至吉利丁片溶化，将剩余的奶油打发至软性泡发阶段。把溶化的吉利丁倒入法式酸奶油中，再拌入打发的奶油和蛋白。把慕斯液填入约1厘米深的烤盘内，冷冻。冷冻后，切成直径约6厘米的圆形，再对半切开。冷冻保存直到摆盘。

100克 葡萄糖
110克 翻糖粉
5克 黄油
15克 干蔷薇果

牛轧糖

葡萄糖和翻糖粉在锅内加热至135℃，不断搅拌，再加入黄油。把混合物倒在硅胶垫上冷却，冷却后加入干蔷薇果，再磨成细粉。烤箱预热至170℃。把粉末筛至硅胶垫上，形成薄薄的一层。刻出直径6厘米的印记，并把每一个刻出的圆形分成两半。烘焙3分钟，直至透明。

干草，于摆盘时刨碎

图片参见第159页

摆盘

把4个直径约8厘米的金属环形模具冷冻保存，直至其温度极低。餐盘放入冰箱。每人份需要在冷餐盘上摆一个半圆形慕斯，冷藏退冰20分钟。把冷冻过的环形模具围在半圆形的慕斯外，并用甜菜根冰沙填满剩余的一半。在冰沙上刨碎少许干草。小心翼翼地提起模具，并将牛轧糖薄片盖在慕斯上，即刻上桌。

海胆与接骨木果、蔷薇果及醋

4颗 蔷薇果
100克 水
45克 蜂蜜
55克 蔷薇果醋
10克 巴萨米克苹果醋

4颗 海胆

360克 非常成熟的接骨木果
巴萨米克苹果醋

图片参见第160页

蔷薇果

切下蔷薇果顶部，再对半切开。拨出所有的籽，再用清水焯几秒，冷却。把水、蜂蜜、蔷薇果醋和巴萨米克苹果醋煮沸，倒入冷却后的蔷薇果中。蔷薇果至少腌渍1周才能使用。

海胆

戴好手套，从海胆底部入手，用剪刀小心翼翼地向边上剪。沿着外壳剪一圈，注意不要让刺刺伤你的手指。去掉蒂部的壳。用冷水冲洗海胆内部，再用茶匙舀出可食用的橙色"舌"。去除所有不洁物，"舌"坐冰冷藏保存。

接骨木果汁

从树枝上摘下接骨木果，真空封装。以80℃蒸20分钟，并过滤。用细孔滤网尽可能多地挤出果汁，这样液体才会相对浓稠。如果需要的话，加入巴萨米克苹果醋以提升酸度。

摆盘

在餐盘中央舀几汤匙酱汁，再把蔷薇果和海胆摆在酱汁上。加入少许接骨木果，上桌。

胡桃与黑莓干

275克 胡桃仁
50克 牛奶
2克 雪葩稳定剂
135克 奶油
115克 转化糖
65克 糖
10克 麦芽糊精
2克 盐

45克 胡桃仁
30克 麦芽糊精
5克 胡桃油
7克 糖粉
1克 盐

50克 冻干黑莓

250克 牛奶
250克 奶油

图片参见第168页

胡桃冰

胡桃仁用沸水焯4次，再用冰水激。把雪葩稳定剂与一半量的牛奶混合加热。把所有其他食材放入美善品多功能料理机中搅打，再与胡桃仁及牛奶的混合物混合。用细孔滤网过滤，并在帕可婕容器中冷冻。

胡桃粉

烤箱预热至160℃。胡桃仁焯水4次，再在烤箱中烘干30分钟。在美善品多功能料理机中搅打成顺滑的胡桃仁泥。冷却后，再与麦芽糊精、胡桃油、糖粉和盐混合。

黑莓干

把冻干黑莓浸入液氮几秒，再用美善品多功能料理机搅打成颗粒较大的粉末状。将黑莓干先浸入液氮冷冻，目的是使其在搅打后保持干燥；否则会粘在一起，且易受潮。

冰冻牛奶

把牛奶和奶油在碗内混合，用手持搅拌器打出奶泡。让奶泡内多余的液体沉降30秒，再将泡沫部分舀出并浸入液氮中，使其冷冻。把冷冻"云"碾成粗粗的粉末状，并冷冻保存。

摆盘

餐盘放入冷冻柜使其温度降至极低。用帕可婕调理机处理胡桃冰，舀出几汤匙置于冷冻的餐盘内。把冰冻牛奶稍稍浸入液氮中，再撒在胡桃冰上，并搭配黑莓干粉末和胡桃粉。

猪尾巴与马铃薯皮、牛肝菌油及木片

半根 韭葱
半根 胡萝卜
2颗 洋葱
2根 西芹
5股 百里香
黄油，用于炒制
4条 猪尾巴
5颗 干马鞭草叶
1升 淡色鸡高汤
1瓶 黑啤

8个 小"维特洛特（vitelote）"马铃薯
4个 小白色马铃薯
3把 干草
8克 苹果木木片
200克 水
125克 黄油

200克 （新鲜）牛肝菌边角料
115克 葡萄籽油

750克 白蘑菇
半颗 洋葱
半根 韭葱
半根 胡萝卜
黄油，用于炒制
750克 淡色鸡高汤
2.25千克 水
6个 蛋白
100克 桦树酒，浓缩至⅔
20克 苹果木木片
30克 干蘑菇

图片参见第172页

猪尾巴

韭葱、胡萝卜、洋葱和西芹削皮，稍稍切碎，与百里香一起在锅内用黄油炒香。烤箱预热至80℃。把切好的蔬菜和猪尾巴、马鞭草叶、鸡高汤和黑啤一起放在烤盘内，用保鲜膜包好。在烤箱中烤10小时。捞出猪尾巴，并将汤汁浓缩至晶冻高汤的稠度。趁热划开猪尾巴，去除骨头。猪尾巴摊平，冷却。带皮的一面朝下，用黄油小火煎至非常香脆，再淋上浓缩过的汤汁。

马铃薯

烤箱预热至160℃。把2种未削皮的马铃薯洗净，放入烤盘，用干草完全覆盖，烤20分钟。烤完后，用湿布盖住马铃薯，待其在干草中冷却。冷却后，把马铃薯对半切开，挖出中心部分。苹果木木片在烤盘中烤香，使其香味散发出来，再倒入水。浸泡7~8分钟，而后过滤，去掉木片。将液体加热，再搅入黄油，使其乳化。

牛肝菌油

把牛肝菌边角料放在金属容器中，倒入葡萄籽油。用保鲜膜紧紧包住容器，在80℃的水浴中加热12小时。用纱布过滤，再倒入小挤瓶中，冷藏保存。

蘑菇高汤

将全部4种蔬菜稍稍切碎。分几次用黄油炒，再加水和高汤煮1小时。高汤过滤，浓缩至原来的一半，再冷却。蛋白稍稍打散，加入高汤，并缓慢加热使其澄清，用纱布过滤，并浓缩至原来的¼。苹果木木片在锅中炒香，再倒入高汤。泡5~8分钟，再过滤高汤，并按需加入桦树酒。

蘑菇粉

把干蘑菇打成细粉状，再过筛。

摆盘

把马铃薯放入黄油汁中加热。把猪尾巴切成每份3片，摆在热餐盘内。把马铃薯摆在猪尾巴周围，将牛肝菌油淋在蘑菇高汤上，再舀2~3汤匙高汤放入餐盘内。撒上蘑菇粉，并上桌。

海鳌虾与海洋风味

8只 海鳌虾，每只约150克

海鳌虾

海鳌虾去腿，腿部弃用。从尾部开始第2个关节处剥开虾壳，露出虾肉。用手压碎尾部的虾壳，一小块一小块地剥开，直到能拉出虾肉。虾尾翻面，用小镊子从虾尾背面取出黑色的肠线。

100克 生蚝
18克 意大利芹
150克 葡萄籽油
柠檬汁

生蚝酱

用生蚝刀小心翼翼地打开生蚝，滤出蚝汁，待用，把生蚝肉放在美善品多功能料理机的主锅内。意大利芹洗净，稍稍切碎，也放入主锅。全速搅打，像制作蛋黄酱一样缓缓加入葡萄籽油，使其乳化。如果酱汁过稠，可以加入少量生蚝汁。用柠檬汁调味，过滤，灌入挤瓶内，冰镇。应使用小口径挤瓶。

25克 干掌状红皮藻

干掌状红皮藻

把干掌状红皮藻以60℃烘3~4小时，使其进一步烘干。用美善品多功能料理机打成细粉末状，密封保存。

100克 黑麦面包
黄油，用于炒制

黑麦面包碎

黑麦面包磨碎，冷冻保存。摆盘前，用大量黄油把面包在锅内炒至香脆。倒入金属容器中，并用厨房纸把油沥干。

黄油，用于煎制

摆盘

图片参见第173页

在较大的石板上点上6~7滴生蚝汁，每滴上撒少许黑麦面包碎，并用干掌状红皮藻覆盖。用大火煎海鳌虾的一面，大约30秒，再加入一小块黄油，翻面，再煎2秒。将海鳌虾放在石板上。本菜用手指即可食用，因此需要为每位食客提供热湿巾，以便清洁手指。

扇贝与海胆、沙棘及欧白鲑

7个 带壳的挪威扇贝
盐
糖

扇贝

用扎实的尖口刀撬开扇贝，沿着生蚝肉较多的一侧切开，将其脱壳。用冷水冲洗。撒上盐和少量糖，冷藏腌渍24小时。每个扇贝肉切成3片，每个餐盘中应放入4片。摆盘前，餐盘需冷藏保存。

20颗 海胆
柠檬汁
盐

海胆酱

戴好手套，用坚实的剪刀小心翼翼地切开每颗海胆的底部，再朝边上剪，当心不要让海胆刺到手指。海胆汁过滤，冷藏保存。用冷水洗净海胆内部，再用小茶匙取出橙色可食用的"舌"。去除不洁物，把海胆"舌"在帕可婕容器中冷冻。冷冻后，用帕可婕调理机处理2~3次，而后取出退冰。用细孔滤网过滤，并用柠檬汁和盐调味，加入足量的天然海胆汁，使成品看起来类似萨巴雍。

16颗 沙棘果
20条 小欧白鲑（产自冰岛的烟熏腌渍小欧白鲑）
片状海盐
冷榨菜籽油

图片参见第174页

摆盘

餐盘从冰箱中取出，把沙棘果和欧白鲑摆在扇贝周围。在扇贝片上撒少许片状海盐，最后在每个餐盘内倒入少许海胆酱汁，并淋上几滴菜籽油。

浇汁甜菜根与苹果

2千克 大型甜菜根
20克 新鲜或干燥香车叶草
1颗 八角
15克 鸡晶冻高汤
巴萨米克苹果醋
200克 小牛骨髓
70克 盐
1千克 水
100克 木片

4棵 中等的长型甜菜根
4个 陆奥苹果
60克 水
50克 黄油
2股 百里香
1个 大圆形的甜菜根
8片 酸模

图片参见第175页

酱汁

甜菜根去皮、榨汁，加入香车叶草和八角，再浓缩至原来的¼。用鸡晶冻高汤和巴萨米克苹果醋调味。

烟熏骨髓

骨髓泡水48小时，每天至少换水2次。加热盐和水制成卤水，冷却，再泡入骨髓，浸泡48小时。将木片在熏箱内熏10分钟。切成约5厘米厚的片，再用环形模具刻成圆形。把骨髓的边角料加热熔化，而后过滤。

装饰

长型甜菜根煮35分钟至其变软，趁热过滤，去皮，切成直径1厘米的圆片。把苹果切成1厘米厚的片，再用与甜菜根相同大小的环形模具刻苹果。将水加热，一小块一小块地加入黄油，使其乳化。加入百里香和苹果片，用小火煮约2分钟。把大甜菜根用肉用削片器或曼陀林削片器削成薄片，再用环形模具刻成直径为甜菜根片和苹果片2倍的圆形，每份3片。酸模刻成相同大小，用冷水浸泡5分钟。

摆盘

烤箱预热至160℃。甜菜根加热，并淋上酱汁，和苹果、酸模叶和生甜菜根片一起摆在餐盘上。烟熏骨髓置于烤盘上，放入烤箱加热1分钟，再摆在餐盘上。将熔化的骨髓加入甜菜根酱中，并把酱汁倒入餐盘内。

龙虾的红色之妙

250克 红洋葱
200克 蔷薇果醋
100克 水

腌渍红洋葱

洋葱去皮，每个切成4份。焯水30秒，再用冰水激。蔷薇果醋和水混合，加热，再倒在洋葱上。红洋葱至少腌渍3天才能使用。

2整只 活龙虾，每只大约600克
125克 水
100克 黄油

龙虾

用利刀沿龙虾头部中线入刀，一刀切穿直至案板。取下虾头和虾尾，并掰下2只虾钳。把关节掰下，以便稍后制成酱汁。把虾尾中的黄取出，虾尾焯水30秒，并用冰水冷却。小一点的虾钳焯水80秒，稍大一点的虾钳焯水90秒。虾钳放入冰水中冷却。用手或榔头把虾壳敲碎，去壳，虾钳中的软骨需保留。用镊子去除虾尾内黑且细的肠线。将水加热，一小块一小块地搅入黄油。用手持搅拌器搅拌，使其乳化。

500克 龙虾高汤
75克 红菜头汁
10克 玉米淀粉

龙虾汁

龙虾高汤浓缩至原来的¼，再加入红菜头汁，煮沸。用1汤匙水把玉米淀粉溶解，再搅入酱汁，并煮沸。

95克 奶油
80克 龙虾高汤
25克 新鲜蛋黄
20克 龙虾卵
6克 即溶食品增稠剂

龙虾奶油

把35克奶油和龙虾高汤在锅内煮沸。用剩余的60克奶油煮龙虾卵，不断搅拌，等到呈亮红色时，过滤并冷却。把蛋黄搅入龙虾卵，再加入温热的汤汁，不断搅拌。用美善品多功能料理机以80℃搅打5分钟，并在最后时刻加入即溶食品增稠剂。用纱布过滤至碗内，坐冰，以达到轻盈、顺滑的口感。

10棵 带根的甜菜根
4株 红醋栗
50颗 接骨木果
12朵 用巴萨米克苹果醋腌渍的玫瑰花瓣
60棵 新鲜掌状红皮藻
40克 红叶菊苣

装饰

切掉甜菜根的茎部并保留。用沸水将一半量的甜菜根煮40分钟。煮熟后，去皮，对半切开，冷藏待用。生甜菜根去皮，用曼陀林削片器削薄片，浸入冰水中降温。去除根部外缘硬质的部分，并切成9厘米的长条。从茎上摘下红醋栗，保持干燥。接骨木果洗净，擦干。把腌渍玫瑰花瓣铺在油纸上。掌状红皮藻放入水中浸泡5分钟，再在油纸上铺开。红叶菊苣洗净，甩干。

油，用于炒制
黄油，用于炒制
百里香股
浓缩甜菜根汁，用于浇汁

图片参见第176页

摆盘

把黄油汁加热至55℃，加入龙虾钳，煮至其中的软骨可以轻松拔出。龙虾用油在炒盘内煎30秒，再加入1块黄油和适量百里香。用锅中熔化的黄油淋龙虾几秒钟，静置20秒，再纵向切成两半。用温黄油汁淋龙虾钳块，再在厨房纸上沥干。在餐盘上抹一小块龙虾奶油，再把虾尾和虾钳摆在餐盘上。用浓缩的甜菜根汁淋甜菜根，把甜菜根放入黄油汁中加热，再用少量洋葱腌料加热腌渍好的洋葱。把生的和熟的甜菜根块、甜菜根和掌状红皮藻沿着龙虾摆放。用浆果、玫瑰花瓣和红叶菊苣点缀。把煎龙虾与剩下的黄油和酱汁一起加热，并淋在餐盘上。

浸渍之本

熊葱花蕾

1千克 去花瓣的熊葱花蕾
300克 盐
1千克 巴萨米克苹果醋

时令至关重要，熊葱花蕾必须在花瓣掉落而尚未干瘪前腌渍。小心清洗花蕾，再与盐混合，腌制3周，不时搅拌。将腌好的花蕾捞出，洗去盐，并把花蕾与巴萨米克苹果醋一起真空封装。6周后方可使用。

接骨木果

1千克 未成熟的接骨木果
300克 盐
1升 巴萨米克苹果醋

应在接骨木果尚未成熟，但其茎已变红或变紫之时摘下。此时应该已具备其标志性的果香。小心洗净，并与盐混合，腌制3周，不时搅拌。将腌好的接果木果捞出，洗去盐，并把接骨木果与巴萨米克苹果醋一起真空封装。6周后方可使用。

腌渍接骨木花

350克 接骨木花
1升 巴萨米克苹果醋

仅挑选盛开的接骨木花，并小心洗净，去除所有污渍。把花朵与巴萨米克苹果醋一起真空封装。6周后方可使用。

腌渍玫瑰花

600克 玫瑰花
1升 巴萨米克苹果醋

图片参见第177页

应确保玫瑰花花瓣之间没有任何昆虫，把玫瑰花与巴萨米克苹果醋混合，再真空封装。4周后即可使用。腌料会淡化玫瑰天然的苦味，并使其风味更突出。

在诺玛餐厅，食材探索的至关重要的部分是在食材最当季的时候腌渍，并在接下来的一年里都将其作为一种风味。这里列出的4种腌渍指南是最重要的，在诺玛，这些腌渍物的重要性和盐别无二致。它们都可以冷藏保存1~2年。

胡萝卜与酪乳

500克 胡萝卜，削皮、切片
800克 新鲜胡萝卜汁

375克 胡萝卜泥
500克 新鲜胡萝卜汁
25克 柠檬汁
70克 橙汁
70克 糖浆（50%糖 50%水）
3片 吉利丁片
4克 雪葩稳定剂
3克 麦芽糊精
40克 巴萨米克苹果醋

4片 吉利丁片
350克 酪乳
100克 乳清
75克 奶油
75克 糖浆
12克 柠檬汁

75克 鸡蛋
90克 蛋白
70克 通用面粉
75克 糖
2克 麦芽粉
15克 甘草粉
1.5克 盐

1升 胡萝卜汁
巴萨米克苹果醋
4根 胡萝卜
8根 迷你胡萝卜

图片参见第178页

胡萝卜泥

把胡萝卜和胡萝卜汁放入大锅中，煮至胡萝卜汁全部蒸发。用美善品多功能料理机搅打成顺滑的泥状，再冷却。

胡萝卜雪葩

把胡萝卜泥与胡萝卜汁、柠檬汁、橙汁和糖浆混合。吉利丁片用水泡软。取少量雪葩稳定剂及麦芽糊精混合，将吉利丁捞出，溶于其中，再与剩余的液体混合物混合。加入巴萨米克苹果醋。在帕可婕容器中冷冻。

酪乳泡沫

吉利丁片用水泡软。把酪乳、乳清、奶油、糖浆和柠檬汁混合，取少量加热，把吉利丁片捞出，溶于其中，再倒回原来的液体混合物中，并倒入虹吸瓶内。冷却，成形后灌入2支气弹，再次摇晃。

甘草蛋糕

烤箱预热至170℃，在直径15厘米的蛋糕模具内抹油。把鸡蛋和蛋白在大碗内打散，再拌入余下的食材。将制成的面糊倒入模具内，烤15分钟。在烤架上冷却，蛋糕脱模后掰成小块。烤箱预热至60℃，将掰开的蛋糕块放在烤盘内，入炉烘干12小时。

装饰

把胡萝卜汁浓缩至原来的⅒，再用巴萨米克苹果醋调味。普通的胡萝卜横着切片，取⅓浸入冰水中。过滤后，将浸过冰水的胡萝卜片与浓缩后的胡萝卜汁真空封装6分钟。剩下的胡萝卜片焯水，与浓缩的胡萝卜汁真空封装并静置6分钟。烤箱预热至70℃。取一半焯过水的胡萝卜片，在烤箱内烘干12小时。把迷你胡萝卜长而细的茎切下，并摘下胡萝卜绿色的叶子。迷你胡萝卜的主要部分可另作他用。

摆盘

把胡萝卜雪葩用帕可婕调理机处理，用40号的冰激凌勺在每个餐盘内摆1个雪葩球。用力摇虹吸瓶，打出酪乳泡沫以盖住雪葩。把不同尺寸的胡萝卜片摆在餐盘上，再沿着餐盘放上甘草蛋糕和胡萝卜顶部。

在制作这道甜点时，胡萝卜的新鲜及高品质至关重要。在诺玛餐厅，我们使用以生物动力法种植，产自吉塞尔哥登（Kiselgarden）的产品。

来自斯默根的鲜虾、冷冻红醋栗汁

20只 鲜虾

虾

虾小心去壳，从尾部开始剥至头部。把剥好的虾肉在餐盘上摆整齐，并冷藏。

200克 红醋栗汁

红醋栗冰沙

往红醋栗汁中加水，直到折光仪显示糖份含量为12度。放入容器中冷冻，冻实后再用餐叉刮成冰沙状。

240克 莳萝
180克 葡萄籽油

莳萝油

从茎上把莳萝叶摘下，在盐水中焯5分钟。用冰水激一下，并在厨房纸上完全晾干。加入葡萄籽油，放入美善品多功能料理机以80℃搅打，制成莳萝油。

45克 奶油
25克 牛奶
70克 莳萝油

奶油及莳萝油

把奶油、牛奶和莳萝油混合，冷藏保存。摆盘前5分钟从冰箱中取出。

40克 白面包
黄油，用于炒制
一小捆 龙蒿
一小捆 莳萝

装饰

把白面包捏成面包碎，用黄油炒制，静置冷却。拣选龙蒿和莳萝叶片，用冰水激，并晾干。

盐

摆盘

尽可能晚地把装有虾的餐盘从冰箱中取出。把香草和面包碎撒在虾肉上，再淋上奶油和莳萝油，接着摆上红醋栗冰沙。最后在冰沙和虾上撒盐。

图片参见第179页

南瓜与腌鲱鱼、胡桃汁

2个 北海道南瓜
25克 掌状红皮藻
250克 水
30克 巴萨米克苹果醋
15克 胡桃油

南瓜

南瓜去皮，切成薄片。在盐水中焯一下，静置冷却。把剩余食材放入美善品多功能料理机的主锅中混合搅打1分钟。用细孔纱布过滤，再倒入南瓜片。真空封装并静置6分钟，然后取出南瓜液体弃用。

2条 新鲜小鲱鱼
350克 粗海盐
175克 蔷薇果醋
200克 水

鲱鱼

鲱鱼去鳞、去骨，取下鲱鱼鱼柳，以粗海盐覆盖。鱼柳放入冰箱腌渍2小时。把盐洗掉，再把鱼、蔷薇果醋和水真空封装10分钟。

125克 胡桃仁
125克 水

胡桃汁

烤箱预热至160℃。胡桃仁放入沸水中焯3次，再放入烤箱中烤15分钟，直到呈金黄色。冷却后，与水混合搅打均匀，浸泡24小时。隔天，把混合物用超厚滤袋过滤，取汁。

片状海盐

图片参见第182页

摆盘

把南瓜片和鲱鱼柳卷起，立在餐盘上。撒上片状海盐，每份淋2汤匙胡桃汁。

烤羊腱肉与熊葱叶、黄甜菜根及接骨木花

4根 小羊腱
50克 鸡晶冻高汤
25克 大熊葱叶

羊腱

把小羊腱、鸡晶冻高汤和熊葱叶一起真空封装，以63℃煮24小时。

30棵 小型黄色甜菜根

甜菜根

把甜菜根依尺寸大小分成2组。把较小的一组放入水中煮至变软，再切片。体型较大的一组去皮后，用曼陀林削片器削成薄片，用冰水激10分钟，使其变脆，再晾干。

350棵 大型黄色甜菜根
盐
巴萨米克苹果醋

酱汁

甜菜根去皮，用榨汁机榨出汁水，再把甜菜根汁浓缩至原来的⅓。把羊腱肉真空袋内的汁水全部倒在碗内，再加入几汤匙浓缩好的甜菜根汁。用盐和巴萨米克苹果醋调味。

1束 接骨木花

装饰

把接骨木花分成数个小股，摆盘前冷藏保存。

60克 接骨木花利口酒（糖浆）
少许黄油

图片参见第183页

摆盘

把羊腱肉在排炉上炭烤，并淋上少量温热的鸡晶冻高汤。每个餐盘内摆上1份肉。用少量黄油把煮好的甜菜根加热，再滴入少许接骨木花利口酒。把生的甜菜根片在接骨木花利口酒中浸几秒，使之稍带甜味。把生的和熟的甜菜根摆到餐盘上，用接骨木花点缀，最后，淋上酱汁。

岩蟹与海芥菜、鸟蛤啫喱

2.5升 水
1升 白葡萄酒
2颗 柠檬，榨汁
4只 岩蟹
10克 蛋黄
盐

蟹肉

把水、白葡萄酒和柠檬汁混合并煮沸，倒在蟹上，泡40分钟。拆掉蟹钳和蟹脚，用榔头敲碎，取出蟹肉。摆盘前将蟹肉坐冰，蟹籽待用。反复检查蟹肉，确保其中设有残留的蟹壳。把15克蟹籽和蛋黄混合打散，再拌入蟹肉。用盐调味。

4个 岩蟹的壳
100克 红葱头
1个 青苹果
3股 百里香
1.5升 水
80克 白葡萄酒
2片 吉利丁片
50克 海滨芥

海芥菜啫喱

烤箱预热至80℃。把蟹壳切成边长约5厘米的方形，去除蟹腮，再把蟹壳在炒盘内炒香。红葱头和苹果去皮，切丁。把苹果丁和红葱头丁炒至焦糖化，再与百里香、水和白葡萄酒在深烤盘中混合。用保鲜膜包住烤盘，在烤箱内蒸烤12小时。过滤，将液体浓缩至原来的一半，冷却，并在金属容器中冷冻。冷冻后，脱模，解冻时用纱布包好，下面垫碗，使其澄清。根据数量多少，12~24小时不等。吉利丁片用水泡软。海滨芥彻底洗净，清除泥沙，并与200克澄清的汤汁一起搅打均匀。液体过滤，并加热少许，加入吉利丁片，使其熔化。

1千克 鸟蛤
1棵 红葱头
2股 百里香
300克 白葡萄酒
每100克汤汁1片吉利丁片

鸟蛤啫喱

把鸟蛤、红葱头、百里香、白葡萄酒在烤热的大锅中混合，盖上盖子，煮45分钟。过滤，将汁水浓缩至原来的一半，冷却后冷冻。解冻时，处理方法与蟹肉高汤一样，得到澄清的液体。汤汁稍稍加热，加入并熔化适量吉利丁片。放入冰箱冷藏直至其成形。

20朵 海芥菜花

图片参见第184页

装饰

海芥菜花洗净，注意切莫使花瓣破损。

摆盘

把碗放入冷冻柜使其温度降至极低。每份需要1颗18克的蟹肉球，摆在餐盘中间。在冻过的碗中混合相同比例的海芥菜啫喱和鸟蛤啫喱，并将其淋在蟹肉周围。用海芥菜花点缀，上桌。

甜菜根与香料籽、红醋栗及露莓

4棵 大型长甜菜根

甜菜根

　　一半的甜菜根用盐水煮约1小时，直到其变柔软，趁其冷却前去皮。用曼陀林削片器削成薄片，再用环形模具刻成直径约30毫米的圆形。剩余的甜菜根去皮，以与煮熟的甜菜根相同的方式削成薄片并刻成圆形。

10颗 红醋栗
32颗 露莓

浆果

　　红醋栗去头尾，再对半切开。露莓需完全去茎并去叶。

80克 甜菜根汁
160克 红醋栗汁

酱汁

　　把甜菜根汁和醋栗汁混合，加热至温热。

巴萨米克苹果醋
盐
当归根
芫荽根
薰衣草花
薯草花
红洋葱花
柠檬百里香
野生防风根籽
35克 菜籽油

图片参见第185页

摆盘

　　在每半颗红醋栗上滴1滴巴萨米克苹果醋，并撒盐。把所有的浆果摆在碗内，周围摆上削成薄片的甜菜根，包括生的和熟的甜菜根。把当归根和芫荽根稍稍压碎，再把它们与3种花朵和2种香料撒在甜菜根上。在温热的酱汁中加入菜籽油，混合均匀，而后淋在餐盘上，并上桌。

水萝卜盆栽

16棵 长条形水萝卜

8克 意大利芹
8克 细香葱
5克 龙蒿
5克 细叶芹
5克 红葱头
125克 羊奶酸奶
15克 刺山柑
50克 蛋黄酱
5克 即溶食品增稠剂
第一天
175克 面粉
85克 麦芽粉
50克 榛子粉
25克 糖
75克 拉格啤酒
第二天
40克 面粉
20克 麦芽粉
50克 榛子粉
4克 细海盐
60克 融化的黄油

海盐

图片参见第186页

水萝卜

水萝卜洗净，切掉底部。去除叶和茎，如果叶子形状美观，也可保留。

香草酱

意大利芹、细香葱、龙蒿、细叶芹和红葱头稍稍切碎。加入酸奶和刺山柑，用美善品多功能料理机搅打。加入蛋黄酱搅打均匀后，用细孔滤网过滤，再与即溶食品增稠剂混合搅打均匀。

麦芽"土"

第一天

烤箱预热至90℃。所有干性食材在碗内混合，并倒入食品料理机内，用点动功能搅打，分3次加入啤酒。将混合物在烤盘上铺开，放入烤箱中烘干3~6小时。干燥后，筛去所有较大的结块。

第二天

根据第一天的步骤混合食材，先混合干性食材，再分2次加入黄油，用手充分拌匀。确保混合物中没有干燥的结块。

摆盘

用裱花袋把香草酱挤在小罐内，至五分满即可。用海盐给水萝卜调味，把水萝卜插入香草酱中。把足够多的麦芽"土"撒在水萝卜上，须完全盖住香草酱，同时盖住部分水萝卜。

牛肋排肉与玫瑰、麦芽泡芙及甜菜根

1份 牛肋排肉，约1.5千克重
少许 鸡晶冻高汤
几股 百里香

牛肉

烤箱预热至80℃。把牛肋排肉、1汤匙鸡晶冻高汤和少许百里香放入密封袋中，置于带孔烤盘中，于烤箱内烤10小时。将烤好的牛肋排肉切成每份50克，肥肉部分弃用。汤汁浓缩至原来的⅓，待用。

1片 吉利丁片
3克 洋菜
250克 甜菜根汁

甜菜根啫喱

用冷水泡吉利丁片至其变软。把洋菜搅入甜菜根汁中，边煮沸，边不断搅拌。加入吉利丁片混合均匀，倒入烤盘内静置成形。冷却后，切成12厘米的正方体。

100克 浓缩牛尾汁
50克 浓缩洋葱高汤

酱汁

把牛尾汁和洋葱高汤在锅内混合并加热。

300克 甜菜根汁
0.5克 香车叶草
2棵 产自哥得兰岛的巨型甜菜根
2个 托帕兹苹果

装饰

把甜菜根汁和香车叶草在锅内加热，浓缩至原来的¼，并过滤。将1棵甜菜根煮至变软，并冷却。煮好后，用苹果取芯机把苹果和甜菜根切成约6厘米高的圆柱体。把生甜菜根削成薄片，用环形模具刻成圆形。

190克 意大利tipo"00"面粉
2.5克 细盐
10克 麦芽粉
90克 拉格啤酒

麦芽泡芙

把面粉和盐混合，再加入麦芽粉和啤酒。面团揉至顺滑，再静置30分钟。用意面机压至约0.6毫米厚，再切成2厘米的圆形。在180℃的油中炸至蓬发、香脆。

20克 牛肝菌油
2克 蔷薇果醋
1滴 蔷薇果香精
20片 玫瑰花瓣
黄油汁

图片参见第187页

摆盘

把浓缩好的汤汁淋在牛肉上。汤汁中加入牛肝菌油，使其悬浮于甜菜浓缩汁之上，再淋在甜菜根块上，并用蔷薇果醋和蔷薇果香精调味。在黄油汁中轻煮苹果块。在每个餐盘上摆2块温热的甜菜根块和苹果块，并用甜菜根啫喱盖住其一部分。摆上5片玫瑰花瓣、1份牛肉、4片生甜菜根片和2块麦芽泡芙，并把酱汁淋在周围。

洋葱组合

10棵 来自莱所（Læsø）的小红葱头
100克 黑啤
55克 巴萨米克苹果醋
45克 蜂蜜
1股 百里香
1片 月桂叶

腌洋葱（红葱头）

小红葱头剥皮，对半切开。焯水2~3分钟，直至变软，再用冰水激。冷却后，去根，再把红葱头层层剥开。把其余食材在锅内煮沸，倒在红葱头上，腌渍。红葱头至少需腌渍1周才能使用。

10束 百里香（焯水后为85克）
一小捆 意大利芹（焯水后为25克）
110克 葡萄籽油

百里香油

百里香带茎焯水4~5分钟直至变软。在冰水中冷却，再去茎。过滤出叶片，用超厚滤袋挤压并沥去剩余的液体。百里香叶用厨房纸沥干。摘下意大利芹叶，再焯水，晾干方法如百里香。用美善品多功能能料理机把2种香草和葡萄籽油以60℃全速搅打12分钟，需用重物压几小时，再放入小挤瓶中保存。

2.5千克 兹塔尔（zittauer）洋葱
1.25千克 淡色鸡高汤
75克 蛋白
5克 柠檬汁
浓缩桦树酒或浓缩白葡萄酒
盐

洋葱高汤

洋葱去皮，对半切开。放在大号份数盘中，加入鸡高汤和足量的水，将其覆盖。用保鲜膜包裹份数盘，盖上盖子，最后再包一层保鲜膜，以90℃蒸至少30小时。把洋葱高汤浓缩至原来的一半，并冷却。把蛋白稍打发，加入柠檬汁，再搅入高汤。缓缓加热洋葱高汤，一开始需要持续搅几分钟。持续加热，直到液体表面形成"结盖"，且底下的洋葱高汤已经被澄清。过滤时需格外小心，切莫打破"结盖"。按需加入浓缩的桦树酒或白葡萄酒，并用盐调味。

2克 白色沙拉用洋葱或新鲜洋葱
葡萄籽油

洋葱果酱

洋葱去皮，用曼陀林削片器把洋葱削成极细的条。倒入平底锅中，用小火炒洋葱。用圆形的油纸覆盖洋葱，以在炒的同时产生蒸的效果。不断搅拌，直到洋葱变酥软。要当心不要过分焦糖化，不然洋葱会太甜。

100克 西米

西米

用足量水清洗西米。在清水内把西米煮沸，并用中火煮20分钟。液体过滤，并冲冷水使其降温。

5~6种 当季的不同品种的洋葱

焯过水的洋葱

洋葱去皮、修边，在盐水中稍稍焯一下。

4片 圆形瑞典普拉斯托斯特（prastost）奶酪片，
约2毫米厚，直径13厘米
少许 葱芥叶
柠檬
黄油汁

图片参见第188页

摆盘

在西米中加入几汤匙洋葱高汤，使西米更柔润。加热百里香油，而后倒入洋葱高汤中，使其变成油醋汁状。加热洋葱果酱，每个餐盘内摆15克，并盖上1片奶酪。用喷枪把洋葱酱上的奶酪熔化，并用盐调味。将焯过水的洋葱在黄油汁中加热至滚烫，再用少许腌料加热腌渍的洋葱。把2种洋葱叠放，同葱芥叶一起沿奶酪一侧摆好。把西米和洋葱高汤放在单独的容器中，在客人桌边完成最终混合。

焗香草花腌梨、鸭肝及鸭胗

5束 百里香（焯水后为42克）
一小捆 意大利芹（焯水后为12克）
55克 葡萄籽油

百里香油

百里香带茎焯水4~5分钟直至变软。在冰水中冷却，再去茎。过滤出叶片，用超厚滤袋挤压并沥去剩余的液体。百里香叶在厨房纸上晾干。摘下意大利芹叶，焯水，晾干方法如百里香。用美善品多功能料理机把香草和葡萄籽油以60℃全速搅打12分钟，冷却，浸泡24小时。用细孔滤布过滤，再用重物压几小时，滤出的液体放入小挤瓶中保存。

2颗 熟透了的"格拉帕伦"或"品质灰"梨
盐

焗烤香梨

梨削皮，纵向切成厚片。去除芯，每片梨仅焗烤一面。梨片离火，抹上百里香油，并按需加盐。

70克 鸭肝
30克 鸭胗
25克 红葱头末
2克 百里香碎
葡萄籽油
125克 黑啤
70克 鸭晶冻高汤

酱汁

把鸭肝和鸭胗搅打至呈柔顺的泥状，并用细孔滤网过滤。用少量葡萄籽油炒红葱头末和百里香碎，并加入鸭内脏泥中，炒2分钟，再加入黑啤。持续加热，使汤汁浓缩至原来的一半，再加入鸭晶冻高汤。酱汁最终的稠度应该类似意大利肉酱或博洛尼亚肉酱。

百里香花
薰衣草花
欧石南花
迷迭香花

摆盘

餐盘加热。每个餐盘中央摆1片梨，同时加热酱汁。把百里香花加入酱汁中，并加入足够多的百里香油，制成悬浮溶液。把酱汁淋在梨片周围，并撒上剩余的3种香草花朵，上桌。

图片参见第189页

块根芹与冰岛掌状红皮藻、海藻及蛋黄

1棵 块根芹
120克 冰岛掌状红皮藻或石蕊地衣
500克 盐
500克 面粉
300克 水

块根芹

烤箱预热至220℃。块根芹削皮，放入烤盘，并用掌状红皮藻覆盖。把盐、面粉和水混合成面团，擀开后，盖住块根芹。在烤箱内烤20分钟，再把烤箱温度降低至160℃，根据尺寸烤35~45分钟不等。把面片切开，用汤匙舀出4片块根芹。

65克 干掌状红皮藻
4枚 有机鸡蛋，每枚约55~65克重
海藻粉，用来裹蛋黄
盐

水波蛋黄和掌状红皮藻

把干掌状红皮藻打成细粉末状，保持干燥。鸡蛋在水浴中煮32分钟。敲开后，去壳，去蛋白。给蛋黄裹一层海藻粉，并用盐调味。

30克 巴萨米克苹果醋
25克 产自哥得兰岛的芥末
120克 产自哥得兰岛的冷榨芥末油

油醋汁

将巴萨米克苹果醋和芥末混合，用芥末油乳化。

图片参见第191页

摆盘

每个餐盘内摆1片块根芹，旁边摆上蛋黄。再在周围淋上油醋汁。

蒲公英与旱金莲、海甘蓝籽及黄甜菜根

4枚 有机鸡蛋，每枚约55~65克重

水波蛋

把鸡蛋以65℃的水浴煮35分钟，直到其呈流心状。

140克 挑拣好的黄色旱金莲
20克 水
30克 巴萨米克苹果醋
6克 第戎芥末
220克 葡萄籽油

旱金莲酱

把旱金莲、水、巴萨米克苹果醋和第戎芥末放在美善品多功能料理机中搅打，同时尽快加入葡萄籽油。摆盘前用细孔纱布过滤，冰镇保存。如果需要，可在摆盘前加入额外的醋来提升酸味。

8棵 中型黄甜菜根
60克 接骨木利口酒（糖浆）

黄甜菜根

把甜菜根分成2组，体型较小的和体型较大的各为一组。体型较小的一组用水煮熟，并去皮，削片，修成直径约2厘米的圆片。体型较大的一组甜菜根去皮，用曼陀林削片器削成薄片，用冰水激，使其保持爽脆的口感，再沥干。摆盘前浸入接骨木利口酒中，使其带有少许甜味。

32颗 旱金莲果
8颗 海甘蓝籽
8朵 蒲公英

装饰

旱金莲果和海甘蓝籽分别从茎上摘下，蒲公英摘下花瓣。

少许黄油

图片参见第192页

摆盘

把鸡蛋在水浴中加热至58℃，而后敲开。蛋白弃用。把蛋黄摆在餐盘中央。加热酱汁，但切莫加热至沸腾，以避免酱汁分离。用少许黄油加热旱金莲果、海甘蓝籽和煮熟的甜菜根，再摆在餐盘上。最后，摆上生的甜菜根片和蒲公英，并淋上酱汁。

蜗牛与苔藓

32个 蜗牛
6片 可生食的菜叶（绿色）
盐

蜗牛

把蜗牛在沙拉叶上养2~3天，以清洗其消化系统。用足量水清洗蜗牛，再放在大烤盘内。倒入水，缓慢煮沸，确保蜗牛不会逃脱。水煮沸后，待蜗牛肉完全变硬，再用水清洗一次，并用新鲜的盐水煨1小时30分钟。离火，让蜗牛在汤汁内冷却。保留部分汤汁，稍后用来淋在蜗牛表面。把蜗牛肉顶部切除，仅保留肉质丰厚的部分。

400克 全脂牛奶
20克 奶油
8克 酪乳
1.5克 凝乳酶

新鲜奶酪

全脂牛奶在锅中加热至23℃，并加入奶油、酪乳和凝乳酶。倒入带盖子的可入烤箱的塑料容器中，并在烤箱中以36℃蒸1小时25分钟，或直到奶酪状如新鲜豆腐。打开盖子，冷却。

16棵 带根的葱芥
16棵 带根的蔷薇海芥菜
12~16片 不同种类的苔藓
12棵 带茎的薹草

根茎和苔藓

葱芥、蔷薇海芥菜和薹草要带茎清洗，根部要洗净，并用冰水激。苔藓要仔细检查，去掉所有木屑，再洗净。

180克 菠菜

菠菜泥

菠菜洗净，焯水2~3次直至其变软。挤掉所有的水分，放在帕可婕容器中冷冻。把菠菜用帕可婕调理机处理2次，并用纱布过滤。存放在挤瓶内。

少许 黄油
少许 浓缩后的鸡晶冻高汤

图片参见第202页

摆盘

把香草用1汤匙黄油在平底锅内加热20秒，于最后10秒加入苔藓一同加热。加入蜗牛肉快速炒热，并将浓缩的鸡晶冻高汤和待用的汤汁淋在蜗牛上。我们的目标是重现蜗牛的生活环境：把新鲜奶酪摆在餐盘中央，外围摆上蜗牛、菠菜泥、薹草和2种带根的香草。

马铃薯片配茴香及巧克力

2个 宾耶（Bintje）马铃薯
800毫升 葡萄籽油

马铃薯

马铃薯削皮，切薄片，用冰水浸泡。马铃薯片应始终泡在冷水中，以洗出所有的淀粉，而后用厨房纸拍干。在深炸锅中把葡萄籽油缓缓加热至170℃，把马铃薯片炸至香脆，置于吸油纸上，吸掉多余的油分。

400克 调温巧克力
20克 粉状可可脂
4克 绿茴芹（anise）籽
4克 茴香籽

图片参见第203页

淋面及摆盘

巧克力和粉状可可脂混合，加热至50℃。调温至27℃，再把温度提升至30℃。把马铃薯片用调过温的巧克力淋面，直至完全覆盖，放入烤盘内冷却。在巧克力完全凉透前，在马铃薯片上撒绿茴芹籽和茴香籽。

栗子与胡桃、黑麦面包及芥菜

350克 栗子
80克 胡桃

栗子与胡桃

用小刀的刀尖打开栗子壳，取出栗仁，再剥去毛茸茸的皮。用松露刨刀把栗仁削成薄片，用冰水激，边角料可另作他用。用胡桃夹子去胡桃壳，把胡桃仁泡在温水中，剥去棕色的皮，并把胡桃仁切成末。

100克 桦树酒
60克 黄油
100克 水
60克 产自瑞典卡利克斯的欧白鱼籽

酱汁

把桦树酒浓缩至原来的⅓，趁热搅入黄油，再加水。欧白鱼籽在厨房纸上沥干。

50克 黑麦面包
黄油，用来炒

黑麦面包碎

把黑麦面包磨碎，用足量的黄油慢慢炒至金黄，静置冷却后在厨房纸上沥干。

80克 水田芥
片状海盐

图片参见第204页

摆盘

把栗仁片一片挨着一片立放在每个餐盘的中央，使菜品看起来有足够的高度和体积。不要叠加或乱放，以免破坏这道菜轻盈的视觉感受。把水田芥和黑麦面包撒在栗子上。加热酱汁，并加入欧白鱼籽。把酱汁淋在栗子周围及其间隙中。用少许片状海盐点缀，最后加入胡桃碎。

烟熏骨髓及洋葱、百里香花与小牛胸肉

350克 骨髓
45克 盐
700克 水

烟熏骨髓

骨髓用冰水泡48小时，至少每天换2次水。把盐和水在大锅内混合，制成卤水，加热直至盐全部溶解。冷却后，把骨髓在卤水中腌48小时。在带孔烤盘内点燃熏木片和干草，稍稍熏制骨髓。将熏好的骨髓切成直径约为5毫米的片，再用环形模具修边。

2.5千克 兹塔尔洋葱
1.25千克 淡色鸡高汤
75克 蛋白
5克 柠檬汁

洋葱高汤

洋葱去皮，对半切。放在大号份数盘中，加入鸡高汤和足量的水覆盖。用保鲜膜包裹份数盘，盖上盖子，最后再包一层保鲜膜，以90℃蒸至少30小时。把洋葱高汤浓缩至原来的一半，并冷却。把蛋白稍稍打发，加入柠檬汁，再搅入高汤。缓缓地加热洋葱高汤，一开始需要持续搅拌几分钟。继续加热，直到液体表面形成可移除的杂物"结盖"，且底下的洋葱高汤已澄清。

15束 百里香（焯水后为125克）
一小捆 意大利芹（焯水后为35克）
165克 葡萄籽油

百里香油

百里香带茎焯水4~5分钟直至变软。在冰水中冷却，再去茎。过滤出叶片，用超厚滤袋挤压并沥去剩余的液体。百里香叶在厨房纸上晾干。摘下意大利芹叶，再焯水至变软，晾干方法如百里香。用美善品多功能料理机把香草和油以60℃全速搅打12分钟，冷却，浸泡24小时。而后用细孔滤布过滤，再用重物压几小时，放入小挤瓶中保存。

200克 小牛胸肉
500克 葡萄籽油

小牛胸肉

把小牛肉用水煮软，再沿自然的经络把肉撕开。如果肉是温热的，且浸在汤汁内，这样会比较方便操作。用160℃的油炸至香脆，再用吸油纸吸掉多余的油分。

片状海盐
20颗 腌渍熊葱果
20朵 小百里香花

图片参见第205页

摆盘

把骨髓片在烤箱中加热，撒上少许片状海盐，再把骨髓摆在餐盘上。加热高汤，并加入百里香油，制成混合酱汁。把熊葱果和百里香花摆在骨髓周围，并用酱汁填补空隙。在边上摆上小牛胸肉片。品尝这道菜无需借助餐具，仅需1片面包来吸干所有的酱汁。

舞茸及猪血泥

300~400克 舞茸，撕成4片
葡萄籽油，用于炒制
黄油
盐

舞茸

拣选蘑菇，放入冰箱冷藏10天，使其稍稍干燥一些。干燥后，用刷子刷去泥土。在锅内放入葡萄籽油，以大火炒蘑菇，使其散发出宛如烤鸡的香味。这也是其英文名称"hen-of-the-wood"的来源。加入1块黄油，并用盐调味。

275克 新鲜猪血
25克 鸡晶冻高汤
25克 奶油
75克 矿泉水
2克 葛缕子粉
1.5克 盐
13克 巴萨米克苹果醋

猪血泥

猪血在美善品多功能料理机内以85℃处理5分钟。加热鸡晶冻高汤、奶油和矿泉水，加入猪血中。用细孔滤网过滤，并用葛缕子粉、盐和巴萨米克苹果醋调味。

245克 越橘
糖
40~50片 酸模叶

越橘酱

把越橘用纱布包裹，挤压取汁。用糖调味。

装饰

酸模叶留茎，用水洗净。叶片甩干后晾干，保持冷却，待用。

冷榨菜籽油
16~20颗 越橘

图片参见第208页

摆盘

稍稍加热猪血泥，在餐盘中央舀上一勺。用几汤匙菜籽油加热越橘酱，淋在猪血泥周围。加入舞茸和越橘，最后用酸模叶点缀。

小牛舌与小牛胸、牛尾和牛高汤

小牛舌

70克 盐
1千克 水
一小片 小牛舌
40克 鸡晶冻高汤

盐和水混合制成卤水，把小牛舌与卤水一起放入真空袋内，真空封装，腌制24小时。小牛舌洗净，再放入可加热的塑料袋中，在63℃的水浴中煮24小时，而后立即浸入冰水冷却。去皮，再切成每份50克。

香脆小牛肉丝

200克 小牛胸肉
500克 葡萄籽油

把小牛胸肉在水中煮至软嫩，需要煮约2小时。在汤汁内保温，沿自然的纹路撕成肉丝。锅中加入葡萄籽油小心地把小牛肉丝在锅中以160℃炸脆。

洋葱高汤

1.25千克 兹塔尔洋葱
600克 淡色鸡高汤
35克 蛋白
2克 柠檬汁

洋葱去皮，对半切开。放在大号份数盘内，加入鸡高汤和足量的水覆盖。用保鲜膜包裹份数盘，盖上盖子，最后再包一层保鲜膜，以90℃蒸至少30小时。把洋葱高汤浓缩至原来的一半，并冷却。把蛋白稍稍打发，加入柠檬汁，再搅入高汤。缓缓加热洋葱高汤，一开始需要持续搅拌几分钟。继续加热，直到液体表面形成可移除的杂物"结盖"，且底部的洋葱高汤已经澄清。持续加热，浓缩至原来的¼。

牛尾高汤

1.25千克 牛尾，切成小块
油和盐，用于涂抹
125克 红葡萄酒
60克 黑啤
600克 淡色鸡高汤
1棵 洋葱，去皮、切小块
1根 胡萝卜，去皮、切小块
1根 韭葱，去皮、切丝细
一小捆 百里香

烤箱预热至225℃。用油和盐涂抹牛尾，放入烤盘内，在烤箱中烤至上色，不时翻面，保证上色均匀。把烤箱温度降低至80℃。把牛尾与红酒、黑啤、淡色鸡高汤、3种蔬菜和百里香一起放在深份数盘内，加水浸没食材，用保鲜膜包好，盖上盖子，再包一层保鲜膜，在烤箱内烤6~8小时。高汤过滤，浓缩至原来的¼，牛尾肉可作他用。

装饰

1棵 迷你块根芹
4根 西芹
5根 野生水田芥茎
20~25片 野生迷你酸模叶

搓洗块根芹，去头。根据尺寸大小切成4~8块不等，并用水焯3~4分钟。西芹洗净，去茎。切成长度不超过10厘米的小段，用水焯10~15秒。从水田芥茎上摘下叶子，茎部待用。用冰水把酸模叶洗净，并在厨房纸上晾干。

摆盘

巴萨米克苹果醋
鸡晶冻高汤
少许 黄油

混合2种高汤，按需加入额外的巴萨米克苹果醋调整口味，制成牛尾酱。在锅内煎小牛舌，加入鸡晶冻高汤烧汁。用少许黄油加热蔬菜，最后10秒加入酸模的茎。小牛舌摆在餐盘内，外围摆上蔬菜，再把香脆小牛肉丝摆在顶部，并用香草点缀。最后将牛尾酱淋在小牛舌四周。

图片参见第212页

蛏子与意大利芹、辣根、青口贝汁

4只 大号挪威蛏子，每只约18~20厘米长
80克 嫩菠菜
50克 意大利芹
200克 矿泉水
2.6克 洋菜
7克 吉利丁片

蛏子和意大利芹啫喱

用小刮板或钝刀小心切断连接蛏子肉和壳的筋，取肉。只取蛏子肉的中间部分，其他弃用。冰冻24小时，使肉质变嫩，再解冻。分别清洗菠菜和意大利芹，并放入盐水中焯一下，然后与矿泉水一起全速搅打1.5分钟。用细孔滤网过滤至锅内，再搅入洋菜。吉利丁片泡冰水，与此同时，把菠菜意大利芹混合物煮沸。不停搅拌，煮沸后离火。静置冷却约1分钟，加入吉利丁片，并倒入平的浅烤盘内，至约2毫米厚。冷藏30分钟，制成意大利芹啫喱。把每块解冻的蛏子肉摆在意大利芹啫喱上，小心地用啫喱裹2圈。修边。

1千克 带壳青口贝，洗净
50克 红葱头，切碎
1股 百里香
300克 干白葡萄酒

青口贝汁

在锅内放青口贝，再把红葱头、百里香和干白葡萄酒一起倒入烧热的大锅内，盖上盖子，煮45分钟。过滤，浓缩至原来的一半，冷却，再冷冻。把冰冻后的汤汁块放在细孔纱布内解冻，下方用碗盛放澄清的汤汁。根据所需放入汤汁量，需要解冻12~24小时不等。

240克 莳萝
180克 葡萄籽油

莳萝油

把莳萝从茎上摘下，用盐水焯5分钟。用冰水冷却，并用厨房纸完全吸干。加入葡萄籽油，并用美善品多功能料理机以80℃搅打。浸泡24小时，并过滤出油脂。

15克 玉米淀粉
90克 牛奶
500克 酪乳
75克 辣根，刨丝细
柠檬汁
盐

辣根雪

把玉米淀粉与牛奶混合，放入锅中煮沸，不断搅拌，直到变得浓稠且顺滑，再搅入酪乳和辣根，泡12小时。过滤，辣根弃用，再用柠檬汁和盐调味，在帕可婕容器中冷冻。冷冻后，用帕可婕调理机处理10~15秒。辣根表面会呈现出类似绵绵冰的质感。将其刮下，重复冷冻及刮取步骤，直到得到8~10汤匙辣根雪。冷冻保存。

片状海盐

图片参见第213页

摆盘

把包裹着意大利芹啫喱的蛏子摆在冷的汤碗内，加入2汤匙辣根雪，二者均需撒上片状海盐。把冰凉的青口贝汁和莳萝油按10∶1的比例混合，再淋在蛏子旁。

野兔、苹果木片及山毛榉果

5~6颗 新鲜青胡桃
250克 水
115克 糖
70克 巴萨米克苹果醋

腌渍胡桃

每颗胡桃戳10~12个洞，在碗内用水浸没。泡14天，每日换水。用新鲜的水把胡桃煮至软，冷却后过滤。把剩余的食材在大锅内煮沸。加入胡桃，确保胡桃全部泡在腌料内，冷却后真空封装。使用前，需保证其已冷藏6~8周。

5束 百里香（焯水后为42克）
一小捆 意大利芹（焯水后为12克）
55克 葡萄籽油

百里香油

百里香带茎焯水4~5分钟直至变软。在冰水中冷却，再去茎。过滤取叶，用超厚滤袋沥去剩余的液体。百里香叶用厨房纸沥干。摘下意大利芹叶，再焯水至变软，晾干法如百里香。用美善品多功能料理机把2种香草和葡萄籽油以60℃全速搅打12分钟，冷却并浸泡24小时。用细孔滤网包裹并用重物压几小时，将滤出的液体放入小挤瓶中保存。

750克 白蘑菇
半颗 洋葱
半根 韭葱
半根 胡萝卜
黄油，用来炒
750克 淡色鸡高汤
2.25千克 水
浓缩桦树酒
6只 蛋白
20克 苹果木片

酱汁

所有蔬菜稍稍切碎。分几批用黄油炒，与高汤、水和桦树酒一起放入大锅内，煮1小时。过滤，浓缩至原来的一半再冷却。稍稍打发蛋白，加入高汤混合液中，再缓慢加热使其澄清。用纱布过滤，再浓缩至酱汁般浓稠。在平底锅内炒木片，以释放其风味，再倒入浓缩高汤，泡5~8分钟，再过滤。

16颗 山毛榉果
4颗 湿胡桃
少许 柠檬汁
8颗 栗子
葡萄籽油，用于炸制
20片 酸模叶
16股 欧石南

装饰

敲开山毛榉果和胡桃，去除内里棕色的皮。用冷水泡，并滴入几滴柠檬汁，留至摆盘时使用。小心去掉栗子的壳，并剥去毛茸茸的皮。用松露刨刀将一半量的坚果削成2毫米厚的薄片，浸入水中，边角料弃用。将坚果片的水分吸干，用葡萄籽油以160℃炸至香脆。把剩余的胡桃用刨丝器刨碎。拣选酸模和欧石南的叶子，用冰水激，再甩干。冷藏干燥保存，待用。

2条 野兔里脊肉
油，用于煎制
15克 黄油
25克 鸡晶冻高汤

图片参见第214页

野兔

野兔里脊肉去筋，冷藏保存，摆盘前15分钟从冰箱中取出。里脊各面在热锅中用油煎至上色，再把火调小。加入黄油，淋在肉表面。淋几分钟，倒掉油脂，再淋上鸡晶冻高汤。摆盘前，静置几分钟。

摆盘

餐盘加热。把每条野兔里脊切成2份，共切好4人份。把1块里脊摆在餐盘中央，再把所有的装饰沿着里脊周围摆放一圈。一半量的腌渍胡桃每颗切成4份，剩余的每颗切成2份。每个餐盘上摆1个半颗和4~5个四分之一的胡桃。酱汁加热，淋在餐盘上。

越橘与干草奶油

2片 吉利丁片
110克 水
20克 转化糖
55克 糖
550克 越橘果泥

越橘雪葩

吉利丁片用水泡软，把水、转化糖和糖一起加热。把吉利丁片溶于糖水中，再倒在越橘果泥上。在帕可婕容器中冷冻。用帕可婕调理机处理，再装入裱花袋中。挤出一条长长的雪葩，切成3厘米长的小段，再冷冻。

2枚 鸡蛋
125克 糖
15克 葡萄籽油
10克 榛子油
170克 杏仁粉
25克 通用面粉
10克 泡打粉
270克 胡萝卜，刨丝
黄油，用来炒

胡萝卜蛋糕碎

烤箱预热至160℃，取一个直径20厘米的浅口蛋糕模，内壁抹油。把鸡蛋、糖和油一起搅打均匀。面粉和泡打粉筛入蛋液，最后再加入刨丝的胡萝卜。烤25分钟。在烤架上冷却，凉透后，处理成颗粒较粗的蛋糕碎。在平底锅内放1块黄油，把胡萝卜蛋糕碎炒至金黄香脆。在吸油纸上冷却。

50克 干草
125克 奶油
200克 牛奶

干草奶油

烤箱预热至160℃，将干草烤60分钟。冷却后，和125克奶油一起真空封装，浸泡2~3小时。沥出奶油，再加入牛奶。倒入虹吸瓶中，充入2颗气弹。把虹吸瓶内的液体搅匀，摆盘前，冷藏保存。

25克 芥末油

图片参见第215页

摆盘

餐盘放入冰柜冷冻至温度极低。摆盘前几分钟把越橘雪葩从冷冻柜中取出，裹上胡萝卜蛋糕碎，使其表面完全被覆盖。每个餐盘摆7~8条。摇晃虹吸瓶，在餐盘上滴几滴干草奶油，再淋上几滴芥末油作为点缀。

马铃薯、欧当归与乳清

20颗 小马铃薯
500克 葡萄籽油
盐，粗盐和细海盐
125克 水
200克 黄油
几股 欧当归

马铃薯与马铃薯皮

烤箱预热至160℃。取一半量的小马铃薯烤35分钟，静置冷却。对半切开，用果球勺舀出马铃薯肉，另作他用。马铃薯皮冷冻2天，使其彻底干燥。油炸前，确保马铃薯已经完全退冰，再用160℃的葡萄籽油炸至香脆，并撒上细海盐。剩余的马铃薯用粗盐搓，以去除马铃薯表皮的污物。将水加热，把黄油切成小块，搅入水中制成黄油汁。再加入欧当归。

200克 酸奶
20克 黄油
180克 欧当归
60克 葡萄籽油

酱汁和油

把酸奶倒入干净的纱布中，下方垫碗，沥24小时，把所有的乳清都沥出。稍稍加热乳清，把黄油切成小块，搅入乳清中。摘下并挑拣欧当归的叶子，用盐水焯5分钟。坐冰，并在吸水纸上彻底晾干。倒入葡萄籽油，并用美善品多功能料理机以80℃搅打。浸泡24小时，并过滤。

250克 娜迪纳马铃薯
250克 水
50克 黄油
盐

马铃薯泥

将75克马铃薯切块，放入水中煮沸，而后转小火煨2~3小时，制成马铃薯高汤。剩余的马铃薯去皮，沥干水后真空封装，并以70℃的水浴煮40分钟。加热约100克的马铃薯高汤和50克黄油，再加入煮好的去皮马铃薯，搅打成泥状并用细孔滤网过滤。用盐调味，始终保温。

12根 莳萝叶
12片 藜叶
8片 柠檬香脂草
8股 细香芹

装饰

拣选莳萝、藜和柠檬香脂草的叶子，茎弃用，用冰水清洗。甩干，在厨房纸上晾干。从细香芹的茎上摘下叶子，叶子可作他用。细香芹茎也须洗净晾干。

4片 圆形的西博滕奶酪片，厚2毫米，直径为13毫米

图片参见第216页

摆盘

把搓过粗盐的马铃薯用黄油汁煮至酥软。在餐盘中央舀几汤匙温热的马铃薯泥，其上盖1片奶酪。用喷枪将奶酪熔化，并用盐调味。把煮熟的马铃薯和炸马铃薯皮摆在马铃薯泥旁边。周围以装饰用的4种香草点缀。在酱汁中加入欧当归油，并淋在马铃薯泥周围。上桌。

面包、黄油与脂肪

170克 水
27克 产自博恩霍姆的小麦粉
15克 黑麦粉
5克 石磨全谷物面粉

酸面包酵头

把所有食材在碗内混合，于干燥处以室温发酵7天，每日搅拌一次。应于使用前24小时，用新鲜面粉和水喂养酸面包酵头。喂养方法为：取70克老面，将其加入食材列表所示的制作酵头所需的全部面粉和水中。

5克 酵母
650克 水
50克 酸面包酵头
22克 盐
600克 产自博恩霍姆的小麦粉
200克 产自奥兰的小麦粉

面包

将酵母溶于水中，加入酸面包酵头和盐。加入面粉，放入台式搅拌机中以低速搅拌5~7分钟。让面团在冰箱中静置24小时，而后分成每份250克，并塑成圆形。烤箱预热至235℃。将面团置于面包篮内，于室温下醒发30分钟。烤盘内壁抹油，烘烤35分钟。

125克 瑞典山羊奶黄油

黄油

黄油置于室温下几小时，使之软化，再用烘焙纸裹紧，卷成直径为7厘米的圆柱体。在冰箱中冷却，再切成6毫米厚的片。确保黄油上桌时刚好比室温低一些。

600克 猪皮
180克 烟熏猪油
半瓣 大蒜，切碎
40克 浊苹果阿夸维特酒
12克 盐
1颗 洋葱，切碎
牛奶，用来煮洋葱
50克 通用面粉
葡萄籽油，用于炸制
1颗 马铃薯

图片参见第218页

脂肪

把猪皮和猪油从冰箱中取出，在其升温前用绞肉机绞碎，再用大平底锅小心翼翼地使其熔化。持续加热，不时搅拌，直到脂肪温度达到130℃。过滤出猪皮，仅保留液体脂肪，静置冷却。加入大蒜和阿夸维特酒，等到脂肪冷却至浓稠但仍能搅动的状态时，用盐调味。把洋葱碎在牛奶中煮1分钟，过滤并冷却。洋葱碎裹面粉，以180℃的葡萄籽油炸至金黄香脆。马铃薯切成薄片，在同一锅油中炸脆，冷却，再揉成小碎块。把洋葱碎、马铃薯碎和猪皮以1：1：1的比例混合。等到脂肪冷却后，抹在餐盘上，再把混合碎末撒在脂肪上。

在诺玛餐厅中，面包、黄油与脂肪一菜最早上桌，以搭配接下来的菜肴。

海胆与冰冻牛奶、黄瓜及莳萝

2~4颗 海胆

海胆

戴好手套，用剪刀小心翼翼地从海胆底部开始，沿一侧向上剪。沿着外壳剪一圈，注意不要刺伤手指。去掉蒂部的壳。用冷水冲洗海胆内部，再用茶匙舀出可食用的橙色"舌"。去除污物，"舌"冷藏保存。

1根 黄瓜
20克 莳萝油

黄瓜

黄瓜去皮，把皮在面火炉下烤至完全变黑。用细孔纱布过滤，制成黄瓜皮粉。用果球勺从黄瓜肉上挖出直径约为10毫米的小黄瓜球。7颗黄瓜球为1人份，用少许莳萝油调味，并撒上黄瓜皮粉，让黄瓜尝起来有焦香的风味。

500克 水
200克 莳萝
40克 巴萨米克苹果醋
盐
1克 黄原胶

莳萝冰沙

把水、莳萝和巴萨米克苹果醋用美善品多功能料理机全速搅打2分钟。液体过滤，用盐调味。取少量液体，把黄原胶溶于其中，于较深的容器中用手持搅拌器搅打均匀。把增稠后的混合物倒回原来的液体中，混合后倒入平烤盘内，放入冰柜中冷冻。用餐叉刮出冰沙，保持冷冻。

500克 牛奶
500克 奶油

冷冻牛奶

把牛奶和奶油混合，再用手持搅拌器搅打，直到表面形成气泡。把气泡舀入液氮中，冷冻5秒。翻面，再冷冻5秒，把"牛奶云"捏成小片，使其形如粗粒的冰沙。冷冻保存。

一小捆 莳萝

装饰

从莳萝茎上拣选约30片叶子，用冰水浸泡。拍干，保持冷却。

图片参见第219页

摆盘

在冷冻柜中放1把汤匙。在餐盘中央放1个直径约13厘米的环形模具，其中放入5块海胆和7颗黄瓜球。用冷冻汤匙舀几汤匙莳萝冰沙和冷冻牛奶，撒在模具的圆形内，再小心地把环形模具移开。注意不要盖住海胆和黄瓜。最后用莳萝点缀。

鸡皮与黑麦面包、烟熏奶酪及圆鳍鱼鱼籽

8片 完整的鸡皮

鸡皮

烤箱预热至160℃。刮去鸡皮上所有的脂肪和肉，再铺在烘焙纸上，2张鸡皮叠在一起，放入烤盘，再压上可以入烤箱的重物，烤2小时。冷却后，把鸡皮切成3厘米×10厘米的小片。

1根 黑麦面包，约600克
黄油

黑麦面包

烤箱预热至160℃。切面包纵向切成2毫米薄片（建议使用切肉机），再将面包片切成4厘米×10厘米的长方形，铺在垫有烘焙纸的烤盘内。喷上足量的黄油，并盖上另一张烘焙纸。其上压上另一个烤盘，再压上可以入烤箱的耐高温重物，烤18分钟。把烤好的面包片修成3厘米×10厘米的条状。

100克 新鲜圆鳍鱼鱼籽
30克 烟熏奶酪
10克 全脂牛奶
10克 奶油
5克 挑拣过的莳萝叶
1克 盐

圆鳍鱼鱼籽

鱼籽冲洗多次，去掉所有的筋膜，并持续用打蛋器搅拌。用纱布过滤数小时，以沥去多余的水分。把奶酪、牛奶及奶油一起拌入鱼籽中。莳萝切碎，加入混合物。用盐调味，再装入裱花袋内。

图片参见第220页

摆盘

在香脆的黑麦面包上摆约3克的鱼籽。顶部摆上1片烤好的鸡皮，再切掉面包或鸡皮突出的部分，将边缘修整齐。将组合好的食材倒置，使黑麦面包一面朝上。上桌。

烟熏鹌鹑蛋

10枚 鹌鹑蛋
20克 干草
50克 桦木片

鹌鹑蛋

鹌鹑蛋焯水1分30秒，放入冰水中冷却。再焯水50秒，冷却并去壳。小心不要把鹌鹑蛋弄碎——只烹调了如此短时间的鹌鹑蛋是极易碎的。最后在熏箱内慢慢加热干草和桦木片，将鹌鹑蛋放入带孔的份数盘内，熏制约20分钟。

200克 水
100克 蔷薇果醋

腌料

水和蔷薇果醋混合制成腌料，把鹌鹑蛋在真空袋内和腌料一起真空封装，静置10分钟。摆盘前，保持温热。

干草，上桌时使用

图片参见第221页

摆盘

把干草切成小段，垫在圆形餐盘中。在每枚鹌鹑蛋底部切1个小口，再把鹌鹑蛋摆在干草上。用手持烟熏机熏制餐盘中的干草，并迅速盖上盖子，把烟留在菜品中。

蒸蛋白与桦树酒、野生菌菇

8枚 有机鸡蛋，每枚55~65克重

烟熏蛋白

敲开鸡蛋，将蛋白和蛋黄分离。在塑料容器中垫保鲜膜，倒入蛋白，并用盖子盖好。以100℃蒸45分钟，再冷却。切成棱长为2.5厘米的立方体，并用熏箱熏制。

60克 白葡萄酒
200克 野生蘑菇边角料
黄油，用于炒制
60克 新鲜牛肝菌
1颗 红葱头
盐

炒蘑菇和牛肝菌酱

白葡萄酒浓缩至一半。野生蘑菇边角料洗净，切成小块。快速炒熟，待用。用大量黄油炒牛肝菌，直至其呈焦糖色。红葱头切碎，炒软。把牛肝菌和红葱头用搅拌机的点动功能处理几次。用盐和浓缩的白葡萄酒调味。

200克 牛肝菌边角料
115克 葡萄籽油

牛肝菌油

烤箱预热至80℃。把牛肝菌边角料放在金属容器中，倒入葡萄籽油。用保鲜膜紧紧包住，在烤箱中烘12小时。用纱布过滤，倒入小挤瓶中，并冷藏保存。

750克 白蘑菇
半颗 洋葱
半根 韭葱
半根 胡萝卜
黄油，用来炒
750克 淡色鸡高汤
2.25千克 水
6个 蛋白
浓缩桦树酒

蘑菇高汤

全部4种蔬菜稍稍切碎。分几批用黄油炒，再加入水和淡色鸡高汤煮1小时。煮好的高汤过滤，浓缩至原来的一半再冷却。蛋白稍稍打散，加入高汤，并缓慢加热使其澄清。用纱布过滤，并浓缩至原来的¼。苹果木片在锅中炒香，倒入澄清的高汤。泡5~8分钟，再次过滤高汤，并按需加入桦树酒。

125克 野生蘑菇
（确保是可以生食的品种）
1颗 来自哥得兰岛的松露

装饰

清理蘑菇，留几朵整棵的蘑菇，其他切成小片。用曼陀林削片器把蘑菇削成薄片。松露刷净，再削成薄片。

图片参见第223页

摆盘

加热烟熏蛋白，摆在碗中央。周围舀上牛肝菌酱，再用黄油把已炒熟的蘑菇边角料炒香。把牛肝菌油淋在蛋白上，并用生的蘑菇片和松露片作为点缀。把蘑菇高汤倒入小盅内，在桌边为客人倒入碗中。

牛尾与黑啤、苹果及洋姜

2.5千克 牛尾，切块
油，用于涂抹
盐
250克 红酒
1.25千克 淡色鸡高汤
125克 深色拉格啤酒
1颗 洋葱
1根 胡萝卜
1根 韭葱
20克 红葱头
1枝 百里香
¼颗 柠檬
柠檬 用来炒
1束 百里香

100克 浓缩牛尾高汤
35克 棕色黄油
5克 马鞭草叶

5克 结兰胶
500克 有机苹果汁

2股 马鞭草，主要取小叶片
500克 大块洋姜

50克 巴萨米克苹果醋
少许 黄油
1颗 大陆奥苹果或2颗 较小的苹果

图片参见第224页

牛尾

烤箱预热至225℃。用油和盐涂抹牛尾表面，再放入烤盘内，在烤箱中烤至上色，不时翻面，保证均匀上色。把烤箱温度降低至80℃。把牛尾与红酒、深色拉格啤酒、高汤和蔬菜一起放在深份数盘内，倒入水将食材浸没，再用保鲜膜包好。盖上盖子，再包一层保鲜膜，在烤箱内烤6~8小时。从牛尾的骨头上把肉剔下来。高汤过滤并浓缩。把红葱头和少量百里香切碎，加入柠檬皮碎屑，用少许黄油炒香。等到牛尾高汤浓缩至晶冻高汤的稠度，取2汤匙高汤加入炒过的红葱头、百里香和柠檬皮中，再加入百里香束，搅拌均匀。

酱汁

在平底锅内加热浓缩的牛尾高汤和棕色黄油。加入马鞭草叶，用保鲜膜盖好，泡20分钟。并过滤。

啫喱

把结兰胶搅入冷的苹果汁中，再倒入平底锅内。把苹果汁煮沸，不时搅拌，煮60秒。倒入白色的烤盘内，深约2毫米，静置冷却。切成长度不超过12厘米的长方形，摆在烘焙纸上。

装饰

从马鞭草上摘下所有小叶片，用冰水洗净，晾干，冷藏保存。把洋姜切成1厘米厚的薄片，再用直径2.5~3厘米的环形模具刻成圆形。洋姜用盐水焯2~3分钟，并用冰水冷却。

摆盘

在小平底锅内加热牛尾高汤，或放入塑料容器内用微波炉加热。每人每份50克。加热啫喱，顶部涂抹巴萨米克苹果醋，再用牛尾肉覆盖。用1汤匙黄油加热洋姜。用曼陀林削片器把苹果削成薄片，再用环形模具刻成直径为4厘米的圆形。把洋姜片和苹果片交错叠放在啫喱上。全部撒上马鞭草叶，并把酱汁在菜品上淋一圈。

松露甜点

80克 双倍奶油或搅打奶油
55克 蛋白
30克 糖
3片 吉利丁片
250克 夸克奶酪
2克 干草灰

夸克奶酪慕斯

把奶油打发至湿性泡发。在另一个碗中混合打发蛋白和糖，制成蛋白霜。吉利丁片用水泡软，并加入少量夸克奶酪中，加热至吉利丁熔化，再加入干草灰。将混合物倒入剩余的夸克奶酪中，再依次拌入打发的奶油和蛋白霜，制成慕斯液。将慕斯液倒入塑料容器内，冷藏使其成形。

15克 糖
100克 蛋白
100克 松露边角料

松露蛋白霜碎片

烤箱预热至90℃。把糖和蛋白混合搅打成蛋白霜，再拌入松露边角料。倒在硅胶垫上，放入烤箱烘4小时。把蛋白霜掰成碎片。

35克 糖
125克 水
260克 矿泉水
7克 葡萄糖
60克 松露边角料
2克 松露油
4克 柠檬汁
0.6克 柠檬酸
20克 新鲜松露
4克 墨鱼汁
3片 吉利丁片

松露冰沙

把糖和水煮沸，冷却。拌入除吉利丁片外所有其他的食材，并用美善品多功能料理机搅打2分钟。吉利丁片用水泡软，倒入先前温热的混合物中，再冷冻保存。成形后，用餐叉刨成冰沙。

60克 黑啤
12克 蛋清粉
45克 糖霜
5克 玉米淀粉
35克 tipo "00" 面粉

树枝

把黑啤和蛋清粉搅打至开始冒泡。筛入糖霜，加入面粉，制成面糊。面糊静置2小时，再装入裱花袋中。烤箱预热至160℃。把面糊裱在硅胶垫上，呈树枝形，烘烤6~7分钟。

2.5克 蛋清粉
50克 蛋白
80克 糖
25克 水
5克 巴萨米克苹果醋

焦香蛋白霜

把蛋清粉和蛋白倒入台式搅拌机的碗内。把糖、水和巴萨米克苹果醋在平底锅内混合，加热至121℃，制成"焦糖"。与此同时，待"焦糖"达到110℃时，开始搅打蛋白混合物，待"焦糖"温度达到121℃时，把搅打速度调低，缓慢倒入糖浆，制成意大利蛋白霜。确保蛋白霜搅打到位，再浸入液氮中。

图片参见第229页

摆盘

把蛋白霜掰成小片，不规则地摆在餐盘上，并用喷枪烧至焦香金黄。在蛋白上舀2汤匙慕斯，将蛋白霜完全覆盖，再用手塑成松露形。淋上松露冰沙，把蛋白霜碎片点缀在顶部，每个餐盘加入3~4枝"树枝"。

帝王蟹与裹灰的韭葱

2个 帝王蟹蟹钳

帝王蟹

用小而有力的剪刀把蟹钳剪开，再细心剥下蟹肉。用保鲜膜小心地把蟹钳肉卷紧，塑成圆柱形。

1千克 干草包

干草灰

在大型的防火容器内将甘草点燃，让干草烧2~3小时。确保不再有任何固体的块状物，冷却后，用细孔滤网或细孔纱布过滤。

1千克 青口贝
半颗 红葱头，切碎
1股 百里香
300克 干白葡萄酒，少许用于调整调味
50克 奶油
10克 黄油
盐和胡椒
浓缩白葡萄酒

青口贝酱

在温热的平底锅内先放入青口贝，再放入红葱头、百里香，最后加入干白葡萄酒，盖上盖子，在炉灶上煮45分钟。在另一个平底锅内加热奶油，使其浓缩至原来的⅓。沥出青口贝，液体浓缩至原来的一半，再加入黄油和浓缩的奶油，待用。用盐和胡椒调味，按需加入更多浓缩的白葡萄酒，以提升其酸味。

8根 韭葱
60克 水

韭葱

切下韭葱绿色的部分，另作他用。白色部分在盐水内煮8~9分钟，再用冰水冷却。剥掉外侧的3~4层，只留下每根韭葱格外鲜美的中心部分，再修成10厘米长的小段。

50克 面包糠
10克 黄油
盐

炒面包糠

在平底锅内熔化黄油，将面包糠炒至金黄香脆，并用盐调味。

50克 黄油，另加少许用于温热后包裹蟹钳
85克 水
盐

图片参见第230页

摆盘

蟹钳卷以不超过58℃的温度加热4分钟，剥下保鲜膜，再缓缓放入平底锅内，裹上温热的黄油，并用盐调味。加热水，并搅入50克黄油，制成黄油汁。加入韭葱，将其热透。剥下韭葱的外层，并裹上干草灰。拍掉多余的干草灰，并把帝王蟹的蟹肉修成和韭葱一样的大小。在锅内加热青口贝酱，调整味道和酸度，并用手持搅拌器把酱汁打出泡。把帝王蟹和韭葱并排摆在餐盘上，围成长方形。酱汁和炒面包糠需在客人面前当场加入。

麋鹿肉与块根芹及野香草啫喱

200克 麋鹿肩肉边角料
600克 麋鹿里脊边角料
175克 奶油
盐

麋鹿肉

　　将麋鹿肩肉真空封装，以85℃的水浴煮6小时。把肉撕成细条状，并稍稍切碎。麋鹿里脊肉修形，切成长条，大约每份80克。把肉和奶油混合，快速搅打，制成慕斯液。把慕斯用细孔滤网过筛，再拌入肩肉碎，并用盐调味。把混合物用裱花袋裱成长条。用保鲜膜卷起里脊肉条，并以70℃煮14分钟。每条为2人份。

300克 干草
2棵 块根芹
500克 盐
500克 通用面粉
300克 水
1个 青苹果

装饰

　　烤箱预热至220℃。干草点火，使其烧成灰烬。1棵块根芹削皮，裹上干草灰。把盐、面粉和水混合，制成面团，再擀开，包覆住块根芹，仅留底部。在烤箱内烘20分钟，再把烤箱温度降低至160℃，根据块根芹的大小，还需继续烘35~45分钟不等。冷却后，把块根芹切片，再用直径2厘米的环形模具刻出圆形。每份需要3~4片；另一棵块根芹在削肉片机上削成薄片，并修成直径5厘米的圆形。苹果削成同样尺寸的圆片。

50克 龙蒿
25克 野生细香芹
15克 羊角芹
150克 矿泉水
8克 野生茴香籽
2克 结兰胶
50克 生甘草片

野香草啫喱

　　龙蒿、细香芹和羊角芹焯水至变软，冷却，再与矿泉水和野生茴香籽混合打碎。用纱布过滤，再搅入结兰胶。煮沸2秒，倒在平烤盘内，冷却。切成与烤块根芹片同样的大小，并把生甘草片在其上方刨碎。

150克 浓缩鸡晶冻高汤
30克 棕色黄油
巴萨米克苹果醋
1汤匙 红葱头碎
1茶匙 意大利芹碎
1茶匙 熊葱花蕾
鸡晶冻高汤
黄油

棕色黄油酱

　　缓慢加热浓缩鸡晶冻高汤和棕色黄油，尝味，再按需加入额外的巴萨米克苹果醋以提升酸度。摆盘前，加入余下全部的食材。

图片参见第231页

摆盘

　　把肉的各面都煎上色，并淋上鸡晶冻高汤，切成小块，每份2片。用少许黄油加热熟的块根芹片，并撒上干草灰。在铁板上稍稍加热香草啫喱。把肉和块根芹摆在餐盘上，再加入生的块根芹片、苹果片和野香草啫喱。把棕色黄油酱汁淋在餐盘上，并上桌。

鱼苗马铃薯与斯派克熏肉

250克 酸奶
30克 黄油

乳清汁

把酸奶吊挂于碗上方，用纱布滤24小时，以滤出乳清。乳清的量约为酸奶的一半。稍稍加热乳清，再一小块一小块地搅入黄油。

125克 斯派克熏肉的脂肪

烟熏脂肪

把脂肪在大锅内用清水煮2小时。冷却，放入烤盘内，压上重物。待脂肪冷却，再用削肉片机削成薄片，切成直径13厘米的圆片。

625克 鱼苗马铃薯
150克 全脂牛奶
150克 奶油
65克 黄油

马铃薯泥

鱼苗马铃薯煮至软。沥干液体，把马铃薯在锅内敞开晾干。在小锅内加热全脂牛奶、奶油和黄油。把马铃薯用马铃薯泥机过滤入碗内，再与牛奶混合物混合。摆盘前需一直保温。

25克 产自哥得兰岛的松露
3克 鸡晶冻高汤
5克 淡色鸡高汤
24克 松露油
15克 葡萄籽油
巴萨米克苹果醋
盐

松露泥

松露削皮，与鸡晶冻高汤和淡色鸡高汤混合。如制作蛋黄酱一般把松露油和葡萄籽油拌入液体内。用巴萨米克苹果醋和盐调味。

摆盘

用小锅加热马铃薯泥，在餐盘中央放少量马铃薯泥，将一小圆匙松露泥盖在上面。在铁板上加热烟熏脂肪，并把热好的脂肪盖在马铃薯泥上。加热乳清汁，用手持搅拌器打出泡沫，并淋在餐盘周围。

图片参见第232页

洋姜与干草油、酸奶及松露

25克 干草
200克 葡萄籽油
盐

干草油

烤箱预热至200℃。干草在烤箱内烤1小时，趁热与油和一小撮盐真空封装，浸泡24小时。

800克 洋姜
60克 棕色黄油
200克 淡色鸡高汤

洋姜

洋姜清洗干净。将一半量的洋姜和棕色黄油一起真空封装，另一半则与淡色鸡高汤一起真空封装。根据洋姜的尺寸，把前者以90℃蒸40~42分钟，再用冰水激。后者以80℃蒸12小时，再沥出汤汁。汤汁浓缩到原来的一半，稍后可用于稀释松露酱。把黄油煮洋姜切成1厘米厚的片，再修成直径约1厘米的圆形。每份大约15片。

125克 榛子仁

榛果泥

烤箱预热至160℃。把榛子仁放在烤盘上，放入烤箱烤20分钟。趁热打成细腻的泥状的泥状。

2颗 产自哥得兰岛的大松露，以及另外40克任何尺寸的松露
白葡萄酒醋
盐

松露片及松露酱

大松露削成薄片，修整，每份需要多种形状的松露片共10片。剩下的松露削皮，混合，加上修下来的边角料，与浓缩洋姜汤汁一起煮沸，再打成细泥，并用白葡萄酒醋和盐调味。

45克 全脂酸奶

图片参见第235页

酸奶

酸奶倒入纱布内，吊挂15分钟，下方置一大碗，以沥出乳清，再把酸奶灌入挤瓶内。

摆盘

加热洋姜和棕色黄油，再过滤。撒上盐，用榛果泥盖住4~5片洋姜片。把所有的洋姜片摆在餐盘上，并用松露片覆盖。加入几滴酸奶，把温热的松露酱淋在周围，最后淋上干草油作为点缀。

奶香大麦与谷物、小麦草及松露

10克 全燕麦
10克 全大麦仁
10克 全埃尔肯麦仁
10克 全卡姆麦仁
10克 全埃玛麦仁
10克 全斯佩尔特麦仁
10克 全荞麦仁

100克 水
1克 干香车叶草
1克 干马鞭草
1克 干崖柏松果
1克 干洋甘菊
15克 黍粉
2克 牛奶

100克 产自哥得兰岛的松露
12克 鸡晶冻高汤
20克 淡色鸡高汤
24克 松露油
60克 葡萄籽油
巴萨米克苹果醋
盐

1.25千克 猪肋骨，切成小片
半颗 洋葱
半颗 苹果
1根 西芹
2股 百里香

40克 麦草
150克 水
烤猪汁
巴萨米克苹果醋

15克 西博滕奶酪，刨碎
10克 亚麻籽
10克 南瓜籽

图片参见第238页

煮谷物

除了奶酪，其他所有的食材都用水洗净。燕麦用稍加过盐的水煮10分钟。大麦仁和埃尔肯麦仁煮15分钟。卡姆麦、埃玛麦和斯佩尔特麦仁煮20分钟。煮好后全部用冷水冲洗降温并沥干，于摆盘前保持干燥。荞麦仁用足量的冷水泡24小时，再沥出多余的水分。

黍粥

水煮沸，加入4种干香草。泡5分钟，再过滤出香草"茶汤"。香草弃用。把"茶汤"与黍粉和牛奶一起在锅内煮8~10分钟，搅拌，直至混合物质地柔滑。用细孔滤网过滤，使之更细腻。

松露片

松露削皮，与鸡晶冻高汤和淡色鸡高汤混合，像做蛋黄酱一样搅入松露油，使其乳化。用巴萨米克苹果醋和盐调味，制成松露泥。把松露泥薄薄地铺在小片烘焙纸上，每张烘焙纸铺约10克松露泥。而后冷冻，再刻成直径8厘米的圆形。摆盘前始终冷冻保存。

烤猪汁

烤箱预热至230℃。猪肋骨烤30分钟直到色泽金黄。蔬菜去皮，也入烤箱烘烤。把烤箱温度降低至80℃。在深烤盘内把所有食材混合，加水浸没。盖上盖子，在烤箱内烘10小时。液体过滤，再浓缩至原来的一半。

麦草汁

麦草切碎，与水一起搅打成均匀的糊状。用细孔滤网过滤，并用少量烤猪汁和巴萨米克苹果醋调味。

摆盘

把所有煮熟的谷物和黍粥混合，并加入西博滕奶酪碎，热透。加入南瓜籽和亚麻籽，并用盐调味。倒在餐盘中央，并盖上冷冻的松露片。用喷枪加热松露片，温热麦草汁，淋在菜上。

牛奶皮与蒜叶婆罗门参、油菜籽及松露泥

100克 产自哥得兰岛的松露
12克 鸡晶冻高汤
20克 淡色鸡高汤
24克 松露油
60克 葡萄籽油
巴萨米克苹果醋
盐

松露泥

松露削皮，与鸡晶冻高汤和淡色鸡高汤混合。如制作蛋黄酱一般把松露油和葡萄籽油搅入柔滑的液体内。用巴萨米克苹果醋和盐调味。

1000克 全脂牛奶
50克 奶油
30克 牛奶蛋白

牛奶皮

把全脂牛奶、奶油和牛奶蛋白在锅中混合，加热至约70℃。撇去少量零散的牛奶皮。等到结成硬质牛奶皮，用双手提起，在烘焙纸（油纸）上晾干。重复上述步骤，取得4~5张完整的牛奶皮。

8根 大蒜叶婆罗门参根

蒜叶婆罗门参

蒜叶婆罗门参削皮，每根削成约12厘米长，在沸水中煮3~4分钟。用冰水激，拍干，再用油在平底锅内煎至通体金黄。

2片 白面包
25克 菜籽油

脆面包

把白面包撕成10~15片不规则的片，用菜籽油煎2~3分钟至金黄香脆。

115克 奶油
65克 牛奶
25克 菜籽油

酱汁

在平底锅中混合并加热奶油、牛奶和菜籽油。

巴萨米克苹果醋
野生香草
盐

图片参见第240页

摆盘

在热烤盘上加热牛奶皮，或用烤箱烤2分钟。每人需要一个热餐盘，竖着抹上1汤匙松露泥，再在旁边摆上2片蒜叶婆罗门参。加入几滴巴萨米克苹果醋，用牛奶皮盖住，再淋上酱汁。在牛奶皮上撒上一撮野生香草、盐和脆面包。

过熟梨与麦芽油、斯凯尔与野生细香芹

55克 转化糖
60克 水
145克 全脂牛奶
1克 稳定剂
1克 麦芽糊精
1.5克 吉利丁片
375克 斯凯尔
1克 柠檬汁
1克 盐

75克 麦芽粉
200克 葡萄籽油

1.2千克 西洋梨
2克 柠檬酸
100克 干型梨酒

80克 糖
40克 水
50克 蛋白
2.5克 干香车叶草

2股 野生细香芹

2颗 过熟西洋梨

图片参见第242页

斯凯尔冰激凌

把转化糖和水烧成糖浆，冷却。把少量牛奶和稳定剂及麦芽糊精煮沸。吉利丁片用水泡软，在牛奶混合物完全冷却前加入。用手持搅拌器搅入剩余的食材，在帕可婕容器内冷冻。

麦芽油

把麦芽粉和葡萄籽油在美善品多功能料理机中处理3~4分钟。用挤瓶保存。

梨汁

西洋梨削皮，去芯，再泡入冰水，与柠檬酸和干型梨酒一同真空封装，以80℃蒸30分钟。打碎，过滤。

香车叶草蛋白霜

把水和糖在锅内加热。在另一个碗内，把蛋白稍稍打散。等到糖浆温度达到121℃时，搅入蛋白，制成蛋白霜。拌入香车叶草，再装入裱花袋，并于硅胶垫上裱出迷你精巧的"唇"形。在烘干机内以60℃烘4~5小时。

装饰

拣选细香芹叶子，用冰水激。摆盘前始终冷藏保存。

摆盘

把餐盘放入冷冻库中使其温度降至极低。把过熟西洋梨的皮搓掉。用茶匙尖部，舀出每人3份形状不规则的梨肉。冰激凌用帕可婕调理机处理，每个餐盘上放几茶匙。加入过熟西洋梨片，再加入细香芹叶点缀。摇晃挤瓶，将麦芽油挤入梨汁中，再淋在餐盘上。最后用香车叶草蛋白霜均匀覆盖其上作为点缀。

诺玛餐厅的
供应商们

勒内·雷哲皮

来自南西兰岛的汉内·莱托夫特

我将在本书中描述9位与我们关系最密切的合作伙伴及供应商。他们中许多都是大型供应商，我们每天都会与他们打交道。当然，我们的供应商网络覆盖得更远、更广泛。保守估计，与我们有合作的北欧范围内的供应商就有60~70人。我认为，对他们中的大部分人来说，最恰切的描述就是充满热情的农夫和种植爱好者。正因如此，他们才会向我们供应各种珍品，从几乎被人遗忘的越橘品种、松叶嫩芽到生长在西日德兰半岛沼泽的山羊羊羔。如果真要细说，他们每个人都足够单独出版一本书。何况，单独著书立传才能配得上他们的价值——但我们现在先一步一步来。

诺玛的供应商们大多有主业，或刚刚退休，但他们保持着对农业或乡间生活的热情，并有机会参与其中。比如，野黑莓的供应商在赛季时是足球教练，每年他都会特地腾出时间来为我们栽培；我们的海蓬子来自西日德兰半岛海岸线的盐碱地，其供应商是那里的一名屠夫；我们的胡桃采集人则是BBC的签约记者。另一个绝佳的例子是，某家丹麦主要媒体的总监是业余养蜂人；他每年都会卖给我们一些美味的蜂蜜。此外，他酿造的蜂蜜酒是我迄今为止喝过最好喝的。

这些供应商中的一部分提供的品种和数量都极少，但足够每年为诺玛餐厅带来几周的新鲜感。当他们聚合起来，其能量和贡献恰恰构成了我们的菜系，以及我每日生活中异常重要的元素。我与这些供应商几乎每年都会有短暂的会面——时机当然要视风向和气候而定——自然因素可能会使产品上市时间提前或延后数周。这些会面很特殊，宛如季节更替，能给予我愉悦感。看到所有人带着自己的收获纷至沓来，满怀自豪地向厨房的工作人员炫耀时，我就像打了兴奋剂一般。看到他们对自己的产品发自内心地喜欢实在是太棒了，而你也会因为身为其中一环，帮他们转化了从原生食材到最终成品的思考和想法而感到自豪。

汉内·莱托夫特代表了一众农牧爱好者。她是一名刚退休的秘书，因为对马和蘑菇充满热爱，所以常常到乡间远足。你说奇不奇妙，蘑菇总是能引起大部分户外爱好者的兴趣。

今天，汉内与她的丈夫、马驹儿和爱犬居住在树林围抱的南西兰岛。我们需要的东西她几乎恰好都有，可能是酢浆草，或是黄花九轮草。此外，她也会针对原生食材提出许多新的建议，并凭一己之力开展了大量研究。比如，是汉内把宽叶香蒲介绍给我们的——宽叶香蒲尝起来与新鲜的椰心一模一样。汉内仅是其中的一个例子，还有很多像她一样的人，向我们展示了我们自己无从发现的新大陆。汉内和所有其他爱好者一同证明了，他们对于我们的饮食文化及其可持续发展有着不容忽视的作用。

照片参见第44页。

来自拉迈夫乔登的
瑟伦·勃兰特·维夫

瑟伦1956年出生在离哥本哈根1小时车程的拉迈夫乔登。瑟伦的父亲是当地农民,瑟伦4岁时第一次种郁金香,自此便对农业产生了兴趣。在哥本哈根读完大学并环游世界后,他回到了故乡。从那以后,他继承了父亲的事业,把他们在拉迈夫乔登的可耕地面积拓展至60公顷。瑟伦是丹麦餐饮业最大且最重要的可食用花园产品的供应商之一。

我一生都对拉迈夫乔登这片土地有着特殊的情结。小时候我们会去那里看外公外婆,会在玉米地里走很长的路,去德拉索尔姆古堡游玩,或是在塔斯纳斯的沙滩上嬉闹……那些岁月至今仍记忆犹新。我还记得外婆会从拉迈夫乔登的农民手里购买刚从土里挖出来的马铃薯、胡萝卜、新鲜鸡蛋和许多其他新鲜优质的农产品。我还记得当时为了买齐所有东西而四处奔走,多么令人心烦,明明在超市里就可以一网打尽了。我们在哥本哈根的家中没有放映机,多跑一个地方就意味着我要等更久才能回到外祖父母家里看电影。时过境迁。外公外婆也不再住在艾乐莫丝维杰——而现在的我每次见到农民都心怀感激!

诚如其名,拉迈夫乔登最初是一条河流的支流。1850年,德拉索尔姆的格奥尔·弗雷德·埃里克·奥托·琴芬-阿德莱尔男爵(Georg Frederik Otto Zythpen-Adeler)最早登上了这块海洋中的土地并宣布了主权。但真正开发起来却耗时又艰辛,海平面的水位需分几次下降,全部完工时已是1943年。第一批垦荒的农民早在1882年就搬到了拉迈夫乔登的海岸线周围。由于土地低于海平面,人们只希望能够在下一次洪水到来前建起足够坚固的堤坝。尽管在抽水工程开始之前已做过测试,以确保峡湾的河床可用于耕种,但没人知道到底可以种什么。为了能够更好地了解这片土地,找到最适合耕种的作物,人们做了许多与农作物有关的实验。最后,拉迈夫乔登成了胡萝卜、马铃薯和芦笋的著名产地。

鉴于先人们种植和农作物实验的历史,在瑟伦·维夫的农场"布洛嘉德(brogard)"几乎感受不到时间的流逝。和以前一样,他们的实验从未停止,只不过芦笋和胡萝卜被芫荽和巨型保加利亚韭葱替代。我把瑟伦与创意和先驱精神联系起来,他总是不断地探索土地开发的新可能,不断试验新种子、外来物种和根茎类作物。他说,正是农作的热情驱使着他去工作——事实上,过程可能比工作内容更重要。体验蔬菜的生长过程滋养了他的心灵,为他的生活方式带来了意义;我对此深信不疑。他为种出高品质的蔬菜、水果和其他作物而不懈努力,有着如此的韧劲,不可能做不好。

人们一提到瑟伦就想到他种植的芦笋,但在我看来,这并不准确。瑟伦种植的芦笋品质极高,多汁、甜美、充满风味,并且会在采摘当日送达。但对我来说,瑟伦不仅是芦笋之王,他热衷于通过农作物的多样性和品种创新帮助商业性园艺农业向着发展风味和特点的方向迈进。他是我们的灵感来源,更是我们的朋友:他总是帮助诺玛餐厅,让我们有更大的进步。他的农作物就是他农事态度的最佳诠释:6种甜菜根、10种生菜;各种颜色及尺寸的菠菜、卷心菜和胡萝卜。此外,还有芫荽及其他更新、更现代的食材——所有这些农作物都品质超群。我们与瑟伦的合作越多,就越容易创造出美妙的菜肴。从前我去拉迈夫乔登都是探望外公外婆,而现在,拜访瑟伦和他绝妙的农作物成了我前往此地的新动力。

照片参见第79页。

来自安德斯洛夫的罗兰·里特曼

罗兰·里特曼是我见过最执着的人了。我所谓的"执着"完全是指好的方面，而非固执。此外，他也是我所知道的最有眼光和最热情的人——不过在关账上就另当别论了，这一点我们稍后再谈……

近几年，诺玛餐厅受到的国际关注与日俱增，罗兰的生意也随之不断扩大。正是他的远见使得这个一开始只有6名员工，在车库起家的公司得以壮大。今天，他负责供应的餐厅遍布整个斯堪的纳维亚。

罗兰1947年出生于南瑞典的斯科纳省。他自幼对鸟类和野生植物，尤其是蘑菇怀有浓厚的兴趣。毕业后，他成为了一名化学、数学和生物老师。在二十几岁任教期间，他对自然的探索从未间断。在教学工作之余，他还成为了一位野外生物学家。他心系政治，特别是反核运动，他还是南瑞典巴尔塞贝克核电站反对派的主要力量之一；今天，该核电站已被关闭。此外，他还是1976年巴尔塞贝克游行的发起人——这是瑞典首个反对核电站的大型游行。

后来，他的听力出现了问题，不得不离开教师岗位。他接受了IT课程的再培训，但等到获得IT技师资格证时，恰逢千禧年的"互联网泡沫"消退。罗兰因此重归田野。毕竟，这对他来说是非常自然的选择。事实上，现在许多餐厅应该对他的妻子卡玲心怀感激，正是在她的"鞭策"下，罗兰才开启了蘑菇种植事业，并能够在今天提供给我们这么多优质食材。

失业期间，罗兰开始大量收集蘑菇，并塞满了家中的冷冻柜和储藏室。终于有一天，卡玲告诉罗兰，他必须停下来。她让罗兰出售这些蘑菇，而非囤积在家里积灰占地。所以，罗兰在隆德大学城的本地市场里摆起了摊。不久，他就对蘑菇的市场之大感到惊讶——特别是大厨们旺盛的需求。他决定投身于种植产业，并于2004年开办了"田园自然与文化（Jordnära Natur & Kultur）"公司。我结识罗兰也是在这个时候。我记得是在一个四月初，诺玛开张满5个月后。他打来电话问我们是否是那种专注于斯堪的纳维亚菜系的餐厅，如果是的话，是否愿意将南瑞典的蘑菇和野生植物放入菜单。我很快就被他的热情和执着所吸引，并告诉他，他应该过桥来丹麦看看。当时那些为我们提供乡间食材的供应者大多只是将种植作为兴趣，突然之间，有一个人想要把它当生意来做。那段时间，如果一个人把精力放在任何原生和本地的东西上，人们会认为你老派而迂腐。斯堪的纳维亚人的热情都投给了西班牙餐前小食、高品质火腿、橄榄油和凤尾鱼——没人关注接骨木粉和海滨芥。

第一次和罗兰交流时，他在谈话中提到，人类从本质上其实是个采集者的群体。毕竟，"智人"自开天辟地起就仰赖从乡间采集来的根茎、叶子和植物。他说，人类内在有一种自然的"收集"本能，我们要做的不过是将它唤醒。复兴不过是时间问题。他还对我说，在他看来，人类已变得如此富有、如此义无反顾地推崇物质至上，出现对于真诚和原始的强烈抵制一点都不令人意外。他解释说，客人们可能不知道自己被误导了，而我们的工作就是向客人们说明这一切——当然，他会提供所需的一部分原生食材。

和其他人相比，罗兰和我在生意上的争论要比其他人多许多。说实话，他只要一张口，别人就很难让他停下来。撇开他的成功不谈，他是我见过最糟糕的销售之一了！他的执着、热情、远见卓识和对乡间的热爱引领着他的生意一路向前。

照片参见第91页

来自博德的罗德里克·斯隆

罗德里克是个非常特别的人。他1970年出生于苏格兰，并在那里长大。20世纪90年代末移居挪威北极圈北部的博德。他与一名挪威女人结婚，育有两子。罗德里克最初是名厨师，现在主要的工作是渔夫和潜水员。他是那种对穿着和座驾不太在意的人。可能他烟抽得有点多，或是话说得有点多。事实上，如果你在他的公司里，罗德里克就会一直滔滔不绝。聊天的内容可能有关鲜鱼、冻鱼、蔬菜、异国食物、厨房术语、食品政策、儿童和青少年的食物……话题并不重要。只要聊到原生食材及其生产与制备，罗德里克的话匣子就会打开。但话题突然转到日常琐事，诸如某部不错的电影，他就会马上把话题拉回来。罗德里克总是说个不停，但是并不会引起反感。他时常滔滔不绝地给出一大串睿智而成熟的论点，每一句话都透露出他炙热的情怀。

罗德里克负责为我们提供海胆。这些小巧而精致的生物重100~120克，他把它们压在盒子里，每个盒子装55个。海胆会用泡了海水的布盖好，以提供养分，并在捕获后的24小时内送达，到达时仍然是活的。海胆季相对较短，从十一月到来年二月底。在此期间，海胆里满满的都是籽。罗德里克的北极海胆要比我试过的任何其他的海胆都更甜，碘的味道略淡。这些海胆拥有独特的海洋风味，真要形容这种风味，应该说是介于生蚝、青口贝和蛏子之间。菜单上首次出现海胆时，我们的一名服务生问："这些海胆从哪来？"。另一名服务生鲁莽地回答："它们长在树上"。我对于罗德里克和他的团队为了提供尽可能新鲜的产品所做的努力有所体会。你首先必须具备一些特质，并对工作满怀热情，才能熬过这些岁月。一月中旬，罗德里克和其员工会博德港驾船前往温度低于-10℃的海域。他们戴着重达20千克的潜水装备跳入天然的冰浴里，轻柔而缓慢地把这些海胆装入布袋中。罗德里克每次下潜最多只能逗留30分钟，全程都要跟着海浪的节奏移动，让海浪推动他在海床上前行。超过30分钟就太冷了。通常一个工作日工作时长为10~12小时。因此，不，海胆不长在树上。

我知道，目前，我们是罗德里克唯一的顾客，因此我要感谢他愿意为我们一个冬天接着一个冬天的辛勤工作，只为能够在一年中的3~4个月里每周提供给我们几千克海胆。好吧，有时他还会送来新鲜的海鸥蛋，不过还是很辛苦。我总是在想他为什么要这么做，不可能是为了钱。我认为罗德里克很享受人们对其超凡的专业精神和坚韧不拔的赞赏。实际上，我们将他的劳动成果呈上餐桌，会让前来用餐的客人感到欢欣。我相信这是对罗德里克最好的回报。

照片参见第133页

来自北西兰的克里斯·埃尔博

"好的银行家很重要。"这是诺玛开张之前，我探访哥本哈根著名餐饮家时收获的一个建议。"还有律师。找个好的律师，你就高枕无忧了。餐厅会运营得很好。"他预测说。

那个时候因为有太多的细节需要落实，我简直不知所措。我们要用什么餐具？服务生的衬衫要怎么选？要去哪里找首份菜单上的野鸭和胡桃？酒窖应该放在哪儿？我们一开始应该雇多少人？垃圾桶应该放在哪儿？等等，等等。

总是有太多大大小小的事需要去做决定。我之前从来没有想过要开办并运营一间餐厅。事实上，作为员工和成为要负责一切的主厨、总监和合伙人之间的差异之大令人震惊。毕竟，我之前是孔·汉斯的副主厨，不需要太多过问创意和菜单的变化；除此之外，托马斯·罗德·安德森还会与我共同承担一部分后厨整体运营的责任。我以前总以为餐厅经营无外乎我所知道的那些环节，可能需要额外花费10%的精力用于管理，但可不是2000%～3000%!

因此，从餐饮业同行处获得的前人之鉴是要努力多试试，去找靠得住的银行家和律师。几年后，仿佛命中注定，至少有部分建议得到了实现。

克里斯称自己为"农牧爱好者"。事实上，他确实没受过土地栽培的训练，不过这点我们稍后再谈。克里斯1950年生于英格兰，是英格兰与丹麦混血。他在伦敦大学主修地理专业，先后在多个城市居住，26岁搬到丹麦后便安定下来。现在，他住在北西兰岛，离尼尔斯·斯多克霍姆住的地方不太远，后者也会在本书中提到。他

与妻子西格一起经营4公顷的有机农田。与其他供应商一样，克里斯生活态度十分积极。事实上，无论是否在本书中提到，我们所有供应商的共同点除了辛勤工作之外，还有他们友善、热情和积极的态度。这片土地一定是有什么魔力。

对于克里斯来说，耕种必须保持在兴趣爱好的水平上，这样才能始终享受农事，纯粹为满足质量要求而工作。他不太在意数量。他向我们提供的产品包括小的球茎茴香和胡桃，但他的强项其实是香草、沙拉和鲜花。我不知道他的香草和花何以呈现出如此多的风味。他种植的龙蒿风味浓郁、强烈，当归令人惊叹，蒜叶婆罗门参花更是独一无二。自2004年的夏天我们开始与克里斯做生意以来，随着彼此间的提携和尊敬与日俱增，我们的合作越来越多。正如我们在厨房里试验菜品一样，克里斯也会考虑我们的建议，并提出自己的想法，建议我们应如何以探索和表达本地区的特色为目的更好地工作；这对我们来说，意义非凡。

克里斯自20世纪90年代起就把农事当成了自己的兴趣，这期间仅中断了一小段时间——他那段时间旅居土耳其，从事现在仍然是他主业的工作——银行家。现在我只缺一位闲暇时会去捕鱼的律师了。

照片参见第157页

来自德隆宁莫勒的
尼尔斯·斯多克霍姆

尼尔斯·斯多克霍姆有一种不同寻常的平静。这名来自南日德兰半岛的农民总是很温柔，做事不紧不慢，有他在我就感到十分安心。有几次我倍感压力之时，都恰巧与尼尔斯碰面。但与他短暂的相处另我觉得所承受的一切有了意义，恢复精神的我又开始重整旗鼓。

尼尔斯的人生轨迹与其工作水乳交融，自然而和谐。他全身心投入自己的农场的样子对我来说仿佛时光倒流，勾画出一个人类与牲畜、土地和自然和谐共存的古老梦境。他说，这些年来他已经不知不觉地与农场合二为一。他认为作为农民，你不仅需要尽可能地增广学识，更重要的是在漫长的岁月里向土地、动物和周遭环境学习。你投入工作中的精力越多，观察到的细节也越多，而只有处理好这些细节，才能更好地实现有机和谐的循环。

尼尔斯1933年出生于丹麦南部靠近德国边境的地方。他的家人都是农人，因此，他在人生的前18年中一直生活在农场里，并参与各种农事。后来，他成为了土木工程师，专门负责建造大型建筑。离开农场的20年后，年过四旬的尼尔斯回归田野。在这期间，农业经历了翻天覆地的变化。专业化、工业化的农场成了新宠，这与他浪漫的童年记忆相去甚远。

1975年，尼尔斯购买了西兰岛北海岸一处被称为索尔斯加噶尔达（Thorshøjgaard）的农仓，靠近度假胜地德隆宁莫勒（Dronningmølle）。他的农场占地约63公顷，包括山丘和洼地，种植多种谷物、马铃薯和其他根茎类植物；他还养殖本土黑色和白色的长白猪、古丹麦土鸡和一群古斯堪的纳维亚品种的绵羊。此外他还有约50头丹麦红牛。丹麦红牛濒临灭绝，而尼尔斯所拥有的丹麦红牛数量已达其种群总数的五分之一。该农场根据鲁道夫·斯坦纳（Rudolf Steiner）的人智学著作中阐述的生物动力法运营。先不论生物动力法应如何阐释，单纯理解农业如何与人的精神层面相联系已经让人大伤脑筋。但如果我真要试着去解释，肯定也会过分简化个中关联，使其太过平淡。然而，要理解尼尔斯·斯多克霍姆使用的生物动力法却并不难——你可以从他的产品中尝出不同。

当我看到尼尔斯与动物之间的交流，以及对它们的照顾，有时我会心存愧疚。毕竟，我需要为它们被宰杀的命运负责。不过说老实话，其产品质量和风味确实自成一派。猪肉的肉质如小牛肉般细腻，拥有复杂、独特的风味，牛奶更是我尝过的最美味的牛奶之一。有可能是因为尼尔斯牧场植被的多样性超过丹麦境内的任何一家牧场。

尼尔斯深信，植物各有其用途，他不像其他农民那样通过喷洒农药去除杂草。而且，他每天仅挤一次奶，而非乳制品行业通行的2~3次。奶牛自由地在牧场上吃草，只有在挤奶和喝水的时候才会回棚。冬天，所有的奶牛都会以富含营养的甜菜、玉米和干草为食——所有都是尼尔斯亲自种植并收割的。此外，在这里，牛角不会被卸掉。生物动力法主张，牛角对牛奶品质的保证具有意义，因为牛角有血管分布，血液从牛角流到胃部，反过来影响牛的新陈代谢，进而影响产奶的质量。

尼尔斯·斯多克霍姆的牛非同寻常，尼尔斯·斯多克霍姆也绝非凡人。

照片参见第166页

来自哥得兰岛的苏珊·格列夫

我从来都不喜欢收礼物。我也不晓得其中缘由，即使在小时候，无论在生日派对或其他场合，只要成为人们关注的焦点，我就会感到浑身不自在。不过，我很喜欢看到别人受到表彰：比如餐厅里友善的同事因突出表现受到嘉奖；又比如，观察我女儿收到新颜料时脸上高兴的神情。在诺玛餐厅，让我最开心的事情之一就是见到自己的员工因努力工作而得到社会的认可。比如，我们在职6年的副厨托尔斯滕·娃尔德嘉德荣获"丹麦年度主厨"称号，并在随后赢得具有声望的"北欧跨境挑战杯（Nordic Challenge）"时，亦或，当我们的餐厅经理和前场部门的大脑劳·瑞奇特摘取全国最佳时，亦或我们聪慧的侍酒师，蓬图斯·埃洛夫森因其在葡萄酒、啤酒和饮品等领域的广泛学识而受到称赞时。只要想到餐厅对所有这些年轻男女的成功中有所助益，就算在最辛劳的时刻，也会觉得一切都十分值得。

第一次见到苏珊的时候，我正缺一些能让我振奋精神的东西。时间回到2005年，那天我在诺玛过得不太开心。事实上，之前的几个月都不顺利。我感到厨房已经原地打转好一阵子了——我们开始自我重复，停滞不前。要突破此类瓶颈往往十分困难，而起到积极作用的往往是一些小事。比如某一年，我自己采摘了野生大蒜——这个经历给了我新的活力和灵感。而苏珊就是我2005年的幸运草，她成为了厨房中的缪斯女神。她所带来的能量、动力和体验是如此之多，以至于不久之后我就决定拜访她在瑞典哥得兰岛的住处。位于波罗的海中心的哥得兰岛地处瑞典和波罗的海国家之间。

其实苏珊来自哥本哈根，尽管自1976年起她就生活在哥得兰岛上。作为一名花商和英语翻译，她在马耳他度假期间遇到了自己的瑞典丈夫，而今天，她更像一名"斯堪的纳维亚人"——一个完美融合了丹麦和瑞典的"混血儿"。她既是老师又是学生辅导员，还在船舶配给领域工作过多年。渐渐地，她开始在乡间种植食物，甚至在供应商提供的浆果无法满足其要求时，索性开始自己培植浆果。如今，她和儿子一起经营租来的地，专注于种植根茎类植物。

此外，她还从乡间收集了许多植物、花卉和浆果。在诺玛餐厅，我们主要使用她的浆果、瑞典蓝鸭鸭蛋、羊肉、野生松露、玫瑰和油。

哥得兰岛大约有57000名居民，但在夏天，数量会翻番。岛上季节的更替与瑞典其他地区不同，因为哥得兰岛位于瑞典大陆的背风处，这意味着其相比斯堪的纳维亚其他地区降雨更少、光照更多。哥得兰岛4亿年前由死海生物及赤道附近热带海域珊瑚的石灰石沉淀构成，而后，板块运动将哥得兰岛拱起，形成了今天的样貌。土壤中高含量的石灰土解释了此处为何拥有大量优质的野生植物和复杂的地貌，包括800千米长的海岸线、湖泊和大片的森林。

苏珊带我们参观岛屿的时候，我被其丰富的地貌所震撼。绵延不断的沙滩上有大量水生植物和海藻，田野和草地遍布缀满浆果的灌木、树木和野生兰花。就算是不起眼的小角落，苏珊也了然于胸，知道什么植物在哪里生长得最好。在这里，我首先尝到了烤芥末油、有机小矮脚鸡和鸭蛋。同样是在哥得兰岛，我还尝到了白花楸的嫩芽、蓝色树莓和在其他地方难得一见的，又多又好的浆果。我们试吃了菜籽油（味道像融化的黄油），以及蜂蜜和烤野生韭葱，这些体验有如醍醐灌顶，令我获益颇丰。我记得那晚我坐在酒店房间里，尝试整理这些新的体验和风味。周遭万物对我的冲击是如此之大，我情不自禁微笑起来，因为我感受到了少有的满足。我迫不及待要将自己的发现分享给其他人，因此我立刻打电话回诺玛餐厅的厨房，不过没人接。我躺在床上，闭上眼睛，想到："真是不得了的礼物。"

照片参见第181页

来自西兰的莫勒

春夏秋三季，大自然富饶而充满生机，我们的厨师们会在清晨前往西兰岛的海岸或森林深处搜寻酸模、香车叶草或野生浆果。我很喜欢这种固定的晨间活动。边聆听鸟儿的鸣叫或海浪的嘶吼，边收获大自然的果实，以这样的方式开启新的一天非同寻常。数小时后，我们将亲手准备这些新采集的原生食材，并将其奉献给我们的客人，户外采收的体验因此更为特殊。大约7年后的今天，我们开始绘制自己的西兰岛地图。我们用生鲜食材的名字替代镇名和街名……德隆宁莫勒有宽叶香蒲、孔格兰登有野生大蒜、德拉索尔姆古堡的北海岸有海甜菜，等等。

当然并不总是这样。人们一直问，我们是从哪里获得的野生植物知识。你当然可以透过阅读内容上乘的专业书籍和在网上检索学习。一开始，这些确实对我们有帮助。除此之外，我在"孔·汉斯"餐厅当副厨时，也跟随主厨托马斯·罗德·安德森学到了一些东西。事实上，是托马斯首先让我看到丹麦乡村野生食材的全貌。不过，最大的突破开始于与K.S.莫勒的合作。在诺玛开张之前我就知道莫勒了，但那时没有太多接触。幸运的是，马斯·瑞夫斯伦德（哥本哈根蒂沃利花园"保罗"餐厅的主厨，我的好友兼诺玛初创时期的团队成员之一）工作上与莫勒有着密切联系。2003年11月诺玛刚开业时，我们开始与莫勒有往来。

莫勒1944年出生于波兰格丹斯克城的小镇，他的父母分别来自丹麦和波兰。这个波兰的小男孩5岁的一天，用莫勒的话说，宛如灵光乍现。他独自散步时，俯视着至今都记忆犹新、无人踏足的山谷净土，获得了前所未有的感官刺激。尽管这样的感觉只持续了几秒，却牢牢印刻在小男孩的记忆里。他说，从那天起，他就知道乡下对他来说有着特殊的意义。事实上，直到三十几岁，他的视野才再次转向乡间的财富。一次家庭海滩之旅期间，莫勒和婶婶趁着其他家庭成员都在泡澡，悄悄绕路来到了附近的树林中。莫勒回忆，

那是一个安宁的七月夏日，那个夏天雨水非常丰沛。强降雨为多种仲夏季节的蘑菇提供了有力的生长条件，莫勒和婶婶很快就找到了一些红孔牛肝菌。

不过，那天晚些时候，当其他家庭成员经过美丽牛肝菌所生长的地方时，莫勒的父亲提出不同意见，说他从书中得知，牛肝菌伞盖下带有红点说明其有毒。相反，莫勒的婶婶相信这些菌菇大可放心食用。最后，父命难违，莫勒不得不舍弃这些菌菇，但激烈的讨论让莫勒生出了一探究竟的动力。从那以后，莫勒对真菌学越来越感兴趣，并开始识别不同品种的树生真菌。顺便提一下，婶婶是对的——这些蘑菇可以吃。有毒的蘑菇叫做红网牛肝菌。

如今，莫勒有两件与诺玛有关的事。他从事野生种植快40年了，主要种植菌菇，在这期间他积累了大量有关不同品种菌菇外表和生长条件的独特知识。1995年起至今，他一直保有记日记的习惯，因此，他得以观察到气候、天气条件以及各个蘑菇品种可能被发现的频率。如今，他可以敏锐地察觉当下的气候能创造出什么样的蘑菇和植物。诺玛许多的菜单只有咨询过莫勒后才会开始设计。

此外，每年1~2次，他会带着餐厅的厨师和学徒们去走"菌菇之路"，他认为把自己有关真菌和香草可持续性的知识分享给其他人是十分重要的。比如他会给出不同品种的最佳采摘时间，以及如何才能避免无意间伤害植被。K.S.莫勒悉心照料着的乡间沃土，成为了我们的乐园。

照片参见第211页。

来自哈拉斯科维的塔格·罗恩

"我估计，再过2周就会有桦树液啦。"三月的一个清冷的清晨，塔格·罗恩在答录机里留言说。

这样的晨间问候对我和诺玛的其他厨师来说，是一年中最精彩的时刻。这不仅是一句简单的声明。桦树液的到来是春天临近的讯号；意味着任何你能想到的根茎类植物、洋葱和卷心菜均可以谢幕了，旧苹果、梨和特甜甜菜根的时段也已终结。多亏塔格，在我看来，春天自此已经开始，所有原生食材都将紧跟桦树液的脚步到来。新的季节渐渐成形，野生大蒜、接骨木、紫罗兰、黄色伯利恒之星、海藻、青豆、海岸植物、芦笋、生菜、蘑菇等都在等待着我们。

某种程度而言，在寒冷的三月早晨，塔格为我们带来的快乐和激情比其他人都多。这种感觉就好像过年。如今，塔格已成为我们的灵感来源和驱动力。他还提供小花楸嫩芽，尝起来带有你能想到最纯粹的苦杏仁的味道。他为我们提供不同树木的树枝，尽管我们主要使用的还是来自桦树的木屑和木片。我们会在几乎所有东西里都加入桦木——用来泡油、制作冰激凌、高汤和腌料。他还向我们提供云杉树脂和嫩芽，且供货品种逐年增多。所有这些都以桦树液的到来为号角，如今桦木已成为诺玛饮食的基石之一，正如黑麦面包、辣根和醋一样。

桦树液源于桦树根茎从土壤中吸收水分。人们会在树干上凿一个直达中心的洞，这样每24小时会有约几升的桦树液滴落。采集期通常不超过6周，因此，桦树液的季节性极强。收集到的桦树液可以冷藏保存3~4周。它的味道像牛奶，口感清爽，因为其中含有果糖、葡萄糖和木糖醇等，因此尝起来稍稍带有天然的甜味。

我们在众多菜肴中使用桦树液，而塔格自己也说，桦树液是天然的风味加强剂，因此在烹饪蔬菜时表现尤为出色。桦树液的风味极为丰富，只需添加少量的桦树液和醋，便能为酱汁带来神奇的效果。桦树液当季的时候，我们会向客人提供冰桦树液，以代替冰水，冰镇的桦树液口感相当清爽。而我还有一个不寻常的想法，搭配桦树液食用时，菜肴会更美味、更能明显地带出其风味。此外，我们还以桦树液为原料酿造啤酒。这款啤酒属于淡味比尔森啤酒风格，我们用桦树液代替了水。附近树林里的一名顺势疗法医生甚至会为我们制作桦树酒。加入了少许的苹果和葡萄酒酵母，桦树中天然的糖分含量会带来一种非常新鲜、原始的"酸"味，有点像干型的味美思。

毫无疑问，在户外生活并工作特别适合塔格。当他用力地与你握手，你能感觉到他手中的坚韧；而他的头发像个杂乱的灌木丛，呈肝酱色。塔格是个外向且活泼的家伙，永远带着微笑、积极向上。他于1956年生于哥本哈根的巴乐鲁普。今天他住在哈拉斯科维，离儿时的家仅3千米。

毕业后，他成为了职业伐木人，大部分工作都和建造大型种植园相关，但塔格更想直接与树木打交道，想关切树木的健康，因此，他继续深造成为了一名树艺师。塔格参与塑造了诺玛，就和本书中着重介绍的其他创始人和合作伙伴一样。塔格的坚韧，他不断提供最高品质食材的谨慎态度，以及他对大自然所能提供的丰富食材的了解，是诺玛成功的核心力量。在塔格从森林中采集的各种优质食材中，桦树液、花楸树果实和嫩芽与诺玛的联系尤其深厚。通过食材，我们建立了弥足珍贵的友谊，而我们对他的感激无以言表。

照片参见第234页。

诺玛的每个人

迪特·伊萨格 摄影

词汇表

阿夸维特酒

斯堪的纳维亚风味烈酒，可拼写作 "Aquavit" 或 "akvavit"。

埃尔肯麦

一种小麦品种，尽管没有广泛种植，仍为人类最早种植的农作物之一。埃尔肯麦的蛋白质含量很高。

埃玛麦

古代小麦品种，与埃尔肯麦类似。

奥兰

瑞典岛屿之一，人们通常会将其与这里出产的高品质小麦面粉联系起来。

宾耶（Bintje）马铃薯

常见马铃薯品种，在欧洲范围广泛种植。

冰沙

一种以水和糖浆为基底，经冷冻制成的食品，传统上常作为甜点食用。

博恩霍姆

一个位于波罗的海、隶属丹麦的岛屿；人们通常会将其与产自本岛的高品质小麦面粉联系起来。

超厚滤袋

可用于过滤和澄清液体的超细孔滤网袋。

葱芥

短小常见的灌木，英文中称 "garlic mustard" 或 "Jack by the hedge"，风味和口感类似大蒜。

醋粉

粉末状醋，用于在不增加液体的前提下为菜肴增添酸味。

氽烫

在沸水中快速烹煮食物，食物通常为蔬菜。多数情况下会马上 "以冰水激"，即直接将食物放入冷水中，以中止烹调。

当归

可食用植物，既可制成腌菜（其根），又可生食（其种子和叶片）。

份数盘

英文全称为 "gastronorm"，是专业厨房中使用的深口金属盘，可选尺寸众多，用于食物的存储与制备。

蜂蜜酒

由蜂蜜制成的含酒精饮料。

勾芡

将面粉等粉状食材与少量冷的液体混合成质地柔滑的糊状，而后加入热的混合食材中。

硅胶垫

硅胶材质的不粘烘焙垫。

果球勺

边缘锋利的厨房用具，用于切断或将食物挖成小球形。

海甘蓝

海岸植物，主要生长于鹅卵石沙滩上，叶片状如卷心菜。

海马齿

生长在咸水沼泽的灌木，其叶带有咸味。

红醋栗酒

由发酵的红醋栗酿成的酒。

虹吸瓶

最初设计用于搅打奶油的工具。在现代专业厨房中通常用于制作泡沫。

桦树酒

由春季的桦树液酿成的酒。

桦树糖浆

由桦树液浓缩而得的糖浆。

桦树液

桦树的汁。

黄原胶

通过发酵淀粉后提取，作为增稠剂，亦可使固体在液体中保持悬浮状态。

即溶食品增稠剂

添加剂，可为液体增加黏稠度以及为蔬果泥增添质感。

急冻冰箱

能够迅速冷冻食物的极低温冰箱。

加湿器

封闭的专业厨房用器具，通过增加蒸汽为食物加热、增湿。

结兰胶

一种透明度极高的胶凝剂。

芥末油

从芥末籽中直接提炼的油，或把芥末籽精华加入蔬菜油中制成。

晶冻高汤

风味浓郁的浓缩棕色高汤，用于为酱汁增色、增稠。

景天

景天科植物，果实似浆果，以能够生长在多岩石地区著称。可食用的品种包括白色景天和紫八宝。

卡姆麦

小麦的一种，与杜兰小麦是近亲，蛋白质含量很高，有坚果的风味。

夸克奶酪

一种新鲜的软质白色奶酪，密度与奶油奶酪类似。

莱特（ratte）马铃薯

小型马铃薯品种，风味宛如栗子，质感尤为细腻。

藜

苋科藜属植物，以能在盐碱地中生长为特色。

淋（上汤汁）

通常指将汤汁或酱汁淋在肉类食材上。

陆奥苹果

主要苹果品种，与金冠苹果是直系近亲，风味也接近。

麦芽粉

麦芽谷物，例如大麦，经研磨制成的粉状食材，带有自然的甜味。

麦芽糊精

从淀粉中提取的糖类，可为食品增稠，提升口感。

曼陀林削片器

用于蔬菜削片的木质工具，刀片可调整。

玫瑰

属蔷薇目，蔷薇科，拉丁文拼写为"rosa rugosa"，果实和花瓣突出。

美善品多功能料理机

可设定温度并搅拌食物的食品处理机。

欧白鲑

小型鱼类，通常用于烟熏及腌渍。

欧白鱼

一种体形小而细长的银白色鱼类。其名称来源于古挪威语"bleikja"，即"白色"之意。

欧洲没药

小型植物，叶青而细密，呈网眼状，带有茴香的风味。应避免与近亲毒参混淆，二者叶片形状相近，但后者有毒。

帕可婕容器

与帕可婕调理机配套的专用容器。

帕可婕调理机

用于制作质地极为细腻的雪葩的机器，也可作他用，例如制作冷冻粉末。

刨丝器

专业厨房中使用的高品质刨刀。

蒲草

一种生长在沼泽湿地的草本植物。在诺玛餐厅，我们使用宽叶香蒲（typha latifolia），而非普通蒲草（scirpus lacustris）。

蔷薇果醋

由蔷薇果与适量的醋（如巴萨米克苹果醋）调配而成的果醋。

蔷薇海芥菜

小型草本植物，亦称为蔷薇岩芥。

折光仪

用于测量可溶性固体物含量的器具，以白利度（Brix，即糖的百分浓度）表示。

日式蔬菜切片器

蔬菜削片工具，可调整刀片以削成不同的厚度，亦称为曼陀林削片器。

乳化

将不同密度的液体混合，使其更为浓稠。

沙棘

野生灌木，其果实呈亮橙色，可食用，主要生长在沙丘岩壁上。

生物动力法

一种天然农耕法，视农场为独立、自给自足的有机体，并在土壤、植物、动物、自然年的循环中寻求天然可持续的关系。

石莼

生长在全球海滩潮间带区域岩石上的绿色海藻。

水浴

最简单的水浴，是将容器至于热水中，低温慢煮，比如利用双层锅。许多专业厨房使用意大利"罗娜"牌（Roner）低温烹煮设备，此类仪器该设备可长时间将水温控制在特定的温度下。

斯凯尔

口感温润的酸味乳制品，类似脱水后的酸奶，严格归类应属于一种质地非常柔软的奶酪。斯凯尔在冰岛和丹麦非常受欢迎。

斯派克熏肉

产自意大利上阿迪杰大区的猪肉制品，有生制、腌制和熏制等多个品种。

斯佩尔特麦

小麦的一种，有坚果的风味。比起标准面粉，斯佩尔特小麦粉的吸水量更高。

松露削片器

一种有锋利、精巧、可调整刀片的切片工具，可将松露切成不同厚度的片。

调温巧克力

可可脂含量极高的巧克力，通常用于裹在其他食材表面。

托帕兹苹果

苹果的一种，以其酸爽的口感著称。

脱水机

使食品脱水的厨房装置，以保鲜或减少体积。

舞茸

一种可食用菌菇，英文拼写为"grifola frondosa"，英文俗称"Hen of the Wood"，盖呈深棕色，团簇于树根部。英文名称易与琉色绚孔菌（chicken of the wood）混淆。

西博滕干酪

瑞典的硬质干酪，带有咸和苦的味道。

西洋梨

常见的甜品用梨，大而多汁，滋味甘甜。

香车叶草

团簇于树林表面的植物，其叶带有香草荚的风味。

熊葱

广泛生长于欧洲许多区域的野生大蒜，比起人工培殖大蒜，风味反而更为淡雅。

崖柏松果

崖柏的松果，一种嫩芽冒出后可生长至1~2厘米长的棕色松果。

洋菜

从海草中提取的凝胶介质，在80℃时仍能维持其凝胶作用。

异麦芽酮糖醇

一种代糖，与糖的甜度类似，但与普通的糖不同，异麦芽酮糖醇不会焦糖化。

鱼苗马铃薯

马铃薯的一种，呈粗壮的椭圆形。完全成熟后，体形与新马铃薯类似。

圆鳍鱼

广泛生活在北极及北大西洋的小鱼；圆鳍鱼鱼籽可食用。

越橘

亮红色的浆果，与蔓越莓类似。生长于常绿灌木上，可制成果酱，或单独作为食材使用。

云莓

外观类似树莓的浆果，生长在一种分布于北欧的矮小灌木上。云莓（Cloudberry）初为红色，而后转为深橙色，熟透后呈浅橘黄色。

云杉嫩芽

云杉树的嫩芽。

掌状红皮藻

可食用水藻，呈亮红色。英文拼写为"fresh dulse"。

榛子粉

榛子仁经过研磨制成的粉状食品

转化糖

一种以糖为原料制作的甜味剂，被众多厨师广泛用于烘焙及雪葩的制作。

兹塔尔洋葱

英文拼写为"Zittauer"，常见洋葱品种，原产于德国。

棕色黄油

一种经过加工的黄油：无盐黄油加热至呈榛果色后会散发出类似坚果的馥郁香气。法文拼写为"beurre noisette"。

有关食谱的温馨提示

食谱均为四人份。

许多食谱涉及难度较高的烹饪技巧和特殊设备，需要具备一定专业经验，才能达到完美的结果。

烹饪时间仅作参考。如果使用风炉，应根据厂商有关温度的指示操作。

除非特别指出，鸡蛋为中等大小。某些食谱中含有略经烹调的半熟的鸡蛋、肉类和鱼类。老人、婴儿、孕妇、处于康复期的病人和免疫功能不完善者应避免食用。

部分食谱涉及危险性操作，如涉及高温、明火或油炸等操作，应格外小心。特别是炸制食物时，应穿长袖衣物，将食物放入油内时动作须轻缓，以避免油花四溅。炸制过程须全程看顾。使用液氮时也应当心，未受过相关安全操作培训的人员，不得自行操作。

野外采摘需格外小心。任何野外采摘的食物须经专家鉴定确保食用安全，方可食用。

以"匙"为单位的食材均为一平匙。1茶匙=5毫升，1汤匙=15毫升。

图书在版编目(CIP)数据

NOMA新北欧风暴：全球先锋餐厅的美食探索 ／ （丹）勒内·雷哲皮著 ；周再冉译. ——
武汉 ：华中科技大学出版社，2021.8
ISBN 978-7-5680-6973-1

Ⅰ. ①N… Ⅱ. ①勒… ②周… Ⅲ. ①食谱－丹麦 Ⅳ. ①TS972.185.34

中国版本图书馆CIP数据核字（2021）第035921号

Noma: Time and Place in Nordic Cuisine by René Redzepi

简体中文版由Phaidon Press Limited授权华中科技大学出版社有限责任公司在中华人民共和国境内（但不含香港特别行政区、澳门特别行政区和台湾地区）出版、发行。

湖北省版权局著作权合同登记 图字：17-2020-241号

NOMA新北欧风暴：全球先锋餐厅的美食探索　　　　　　　　　　　　　　　　[丹] 勒内·雷哲皮　著
NOMA Xin Beiou Fengbao:　　　　　　　　　　　　　　　　　　　　　　　　　　　周再冉　译
Quanqiu Xianfeng Canting de Meishi Tansuo

出版发行：华中科技大学出版社（中国·武汉）　　　　　　　　电话：（027）81321913
　　　　　北京有书至美文化传媒有限公司　　　　　　　　　　　　　（010）67326910-6023
出 版 人：阮海洪

责任编辑：谭晰月
责任监印：徐　露　郑红红　　　　　　　　　　　　　　　　封面设计：北京予亦广告设计工作室

制　　作：北京予亦广告设计工作室
印　　刷：广东省博罗县园洲勤达印务有限公司
开　　本：889mm×1194mm　1/12
印　　张：30.333
字　　数：300千字
版　　次：2021年8月第1版第1次印刷
定　　价：498.00元

本书若有印装质量问题，请向出版社营销中心调换
全国免费服务热线：400-6679-118　竭诚为您服务
华中出版　版权所有　侵权必究